KB179150

바다의 세계 ③

「바다의 이야기」편집그룹 엮음
李 光 雨 · 孫 永 壽 옮김

電 波 科 學 社

『역자의 말』

바다는 「인류의 마지막 개발영역(the last frontier) 」으로서 전세계의 각광을 받고 있으며, 최근에는 우리 나라에서도 바다에 대한 관심이 부쩍 높아지고 있다. 이것은 삼면이 바다이고 육지자원이 극히 적은 우리로서는 바다가 갖고 있는 여러 가지 풍부한 자원에 큰 기대를 갖기 때문일 것이다.

이 책은, 해양학 분야에서 크게 발전한 가까운 일본에서, 해양학의 각 분야를 망라하여, 유명한 해양학자 20여 명이 바다에 얽힌 가장 새로운 이야기들을 모아 편집한 다섯 권으로 된 『바다의 이야기』를 번역한 것이다. 고교생이나 일반인들 뿐만아니라 대학생 및 해양학자들에게도 신비한 바다의 세계를 재미있게 펼쳐주는 좋은 벗이 되리라 믿는다.

번역에 있어서 어려웠던 점은, 우리의 전문용어가 아직도 부족하고 또 드물게 나오는 생물의 이름에는 아직 우리말로 되어 있지 않은 것이 많아서 고충이 컸다. 혹시 잘못된 점이 있다면 앞으로 바로잡아 나가기로 하고, 여러분의 기탄없는 지적과 아낌없는 가르침을 바란다.

이 책을 역간하는 데 있어서는, 과학지식의 보급·출판에 외곬 평생을 바쳐오신 「전파과학사」의 손 영수 사장이 공동 번역자로 참가하여 함께 번역도 해 주셨고, 어려운 여건에도 불구하고 이렇게 출판을 보게 되니 무엇보다 감사하다. 「전파과학사」가 한국 과학계에 미치는 공헌은 이것으로 더욱 더 빛나리라 생각한다.

모두 다섯 권으로 구성되는 이 책이, 신비한 바다의 세계를 여러분에게 펼쳐주고, 여러분이 정확한 과학적 지식 위에서 바다를 이해하고 해양에 도전하는 밑거름이 될 수 있다면 더 없는 기쁨으로 생각한다.

1988년 봄

역자 대표 이 광우

머 리 말

해수가 충만한 바다, 이런 바다를 가지고 있는 것은 태양계의 행성 중에서도 지구뿐이다. 지구 표면의 약 3분의 2는 바다로 덮여 있고, 이것이 지구를 특색적인 것으로 만들고 있다. 지구 위에 사는 우리 인간은 바다와 깊은 관계를 가졌다고 배워왔다. 이를테면 지구 위의 생명은 바다에서 싹이 텄다고 하고, 지구 위의 생물의 혈액은 성분상으로 해수와 닮았다고 하며, 환자의 점적(點滴)으로 사용되는 링게르액은 생리적 식염수라고 불린다. 심지어는 태평양전쟁 때, 일본 국내에서 기름이 바닥나자, 어떤 맹랑한 사람이 해수에다 물감을 섞어, 기름이라 속여 팔아 한탕을 쳤다는 기막힌 얘기도 있다.

어떻든, 이와 같이 바다와 우리와의 관계는 여러 가지 의미에서 관계가 깊다. 그러나 우리는 과연 바다에 관한 일을 잘 알고 있을까? 대답은 부정적이다. 왜냐하면 우리 인간은 뭍에서 생활을 영위하며, 바다에 대해서는 그것의 극히 작은 일부분, 윗면만 바라보고 있을 뿐이기 때문이다. 바닷속에는 뭍에서는 상상조차도 못할 세계가 있다. 뜻밖의 희한한 일도 많고, 재미있는 일도 많다.

바다의 연구에만 전념하고 있는 과학자들에게, 꼭꼭 챙겨 두었던 재미있고 유익한 얘기를 써 주십사고 부탁하여 엮은 것이 이 책이다. 고교생이나 일반인들도 이해할 수 있도록 쉽게 설명하기로 했다. 한 가지 항목을 10분쯤이면 읽을 수 있게 짤막짤막하게 배려했다. 그러나 그 내용만은 해양국 일본의 제일선 과학자들이 온갖 정성을 다하여 진지하게 쓴 읽을거리이다. 즐기면서 바다의 실태를 알아 주었으면 한다.

SF의 효시의 하나로 꼽히는 베르느(J. Verne)의 『해저 2만리그』(1리그(league) = 약 3마일)라는 것이 있다. 이 책이 씌어졌던 19세기의 바다의 세계는 바로 낭만의 세계였다. 마치 별 나라의 세계처럼——. 이것은 지금에 있어서도 변함이 없다. 그러나 낭만의 추구뿐만 아니라, 우리의 생존과 생활에 현실적으로 깊은 관계를 맺고 있는 바다를 우리는 좀더 잘 알아야 할 필요가 있다. 이 책은 이런 면에서도 큰 도움이 될 것이라 믿는다.

—— 차   례 ——

1. 해파-그 복잡함

❖ 파도의 종류

우리가 해안에서 보는 파도는 밀었다가 당기고, 당겼다가 밀어붙이는 운동을 반복하고 있다. 또 우리가 바다의 파도라고 할 때 언뜻 생각하는 것은 상하 방향으로 올라갔다 내려갔다 하는 해수의 운동이다.

해수는 매우 복잡한 운동을 하고 있다. 그 중에서 "반복운동"이나 이에 가까운 것을 보통 파도라고 부르는데, 평소에 해안으로 밀어닥치는 파도는 바람이 원인으로 일어나고 있는 풍파(風波)이다. 풍파 말고도 바다에는 여러 가지 파도가 있다. 지진으로 일어나는 해일(海溢), 즉 "쓰나미(tsunami:津波)"도 있고, 조석(潮汐)의 간만(干滿)을 파도로 간주하고 조석파(潮汐波)라고도 한다. 또 반복운동을 하지 않으면서도 마루 하나만이 전해 가는 고립파(孤立波)도 있으며, 해면의 오르내림을 수반하지 않는 롯스비(Rossby)파나 육붕파(陸棚波)라고 불리는 파도도 있다. 이들 파도는 저마다 바다 속에서 중요한 역할을 하고 있는데, 여기서는 우리와 친숙한 풍파만을 들어 설명하겠다.

❖ 파도의 생성

바람이 불면 파도가 이는 것은, 연못을 보고 있노라면 금방 알 수 있다. 그런데 연못의 물결은 아무리 센 바람이 불어도 바다의 파도만큼으로는 커지지 않는다. 이것은 무슨 까닭일까?

바람에 의해서 파도가 일어나는 내부적 구조는 매우 복잡하여 이해하기 힘든 것이지만, 여기서는 알기 쉽게 다음과 같이 생각하기로 하자. 지금 바람이 진행하는 방향을 전방이라고 생각하면, 바람은 파도를 후면에서부터 밀어주면서 파도의 속도 (波速)를 증가시키고, 동시에 파도 전면의 대기의 압력은 후면 보다 약하기 때문에 수면이 끌어당겨져서 위쪽으로 들어 올려 진다(즉 파고가 증가한다). 이 파도의 생성과정이 일어나고 있는 동안에 처음 파도는 바람의 진행방향과 같은 방향으로 진행하고, 다음 번 파도가 같은 방법으로 만들어진다.

이 때 만약 연못과 같은 작은 장소라면, 파도는 충분히 커지기도 전에 대안(對岸)에 닿아 부서져 버리므로, 작은 연못에서는 작은 파도밖에 생기지 않는다. 즉 바람이 부는 거리, 취주거리(吹走距離)가 길수록 파도가 높고 파장도 길어진다. 한편, 아무리 취주거리가 길더라도 바람이 부는 시간이 짧으면, 파도가 충분히 발달할 수 없기 때문에, 바람이 불기 시작하고부터의 시간(계속시간)도 풍파의 성질을 결정하는 큰 요인이 된다. 그렇다면 취주거리가 무한히 길고, 바람이 줄곧 한쪽 방향으로만 계속해서 불게 되면 파도는 무한정 커질 수 있는 것일까?

남극대륙 주위에는 바람이 늘 같은 방향으로 불고 있는 해역이 있는데, 거기서는 거의 이 조건을 충족시키고 있다. 사실 이 해역에서는 거대한 파도가 관측되지만 그래도 파도의 높이는 한정되어 있다. 그것은 파도가 자꾸만 커지고, 파장이 길어지고, 파속(波速)이 증가해 가면, 그러는 사이에 파속과 풍속이 같아져서 그 이상은 바람이 파도를 밀어붙일 수가 없게 된다. 즉

표 1 충분히 발달한 풍파의 특성

풍 속 [m/초]	취주거리 [km]	취주시간 [시간]	평균파고 [m]	평균파장 [m]
5	16	2.4	0.3	25
7.5	55	6	0.8	56
10	121	10	1.5	100
12.5	257	16	2.7	156
15	451	23	4.3	225
20	1,142	42	8.5	400
25	2,285	69	14.6	624

풍속에 한계가 있는 이상, 파도를 무한히 크게 할 수는 없다.

과거에 관측된 최대의 풍파는, 1933년 2월 6일에 미국 해군의 유조선 「라포마」호가 관측한 파고 37m의 것이다. 참고로 표1에 충분히 발달한 파도의 파고와 그것에 필요한 취주거리, 취주시간(계속시간) 및 풍속의 값을 보였다. 예컨대 초속 10m의 바람이 121km의 거리를 10시간을 계속해서 불면, 파도의 높이는 평균 1.5m가 되는 것으로 예상된다.

❖ 심해파와 천해파

파도는 파장(마루와 마루의 거리)에 따라서 일반적으로 파속(파장을 하나의 마루에서 다음 마루가 올 때까지의 시간으로 나눈 것)이 달라진다. 이와 같이 파장과 파속은 어느 한쪽을 결정하면 다른 한쪽은 자동적으로 구해지며, 이 때문에 풍파의 경우에는 파장이 길면 길수록 파속이 커진다. 예를 들어 어떤 해역에 여러 가지 파장의 파도가 생겼다고 하면, 진행하는 동안에 파장이 긴 파도는 앞서 가버리고 짧은 파도는 뒤로 처져서 분산되어 버린다. 이 때에 이 파장과 파속의 관계를 「파도의 분산관계」라고 부른다.

다만 여기서 말하는 것은 파장이 약 1.7cm보다 긴 수파에 적용되는 것이고, 이보다 파장이 짧은 파도에서는 물의 표면장력(表面張力)이 중요하게 되어 반대로 파장이 짧은 쪽이 파속이 커진다.

파장이 길어질수록 파도가 빨리 진행한다고 하지만, 실제로 바다에서는 한도가 있다. 왜냐하면 바다의 깊이도 파속과 관계되고 있기 때문에, 파장이 수심보다 상당히 커지면 파속은 파장과는 관계가 없이 수심의 제곱근에 비례하게 된다. 이와 같은 파도를 "천해파(淺海波)"라고 하고, 반대로 파장이 수심에 비해서 작은 파도는 "심해파(深海波)"라고 부른다.

여기서 주의해야 할 점은 천해(수심이 얕은 바다)니 심해(수심이 깊은 바다)니 하는 것은 상대적인 것으로서, 해저까지 같은 수심일 경우의 파도라도 파장에 따라서 천해파로도 심해파로도 될 수가 있다. 또 같은 파도가 외양(해저까지의 깊이가 깊은 곳)에서부터 해변 가까이(얕은 곳)로 진행해 옴에 따라서 심해파로부터 천해파로 바뀌는 일도 있다. 풍파는 대개의 경우 심해파라고 볼 수 있고 쓰나미(해일)는 천해파의 대표적인 예이다.

천해파와 심해파의 큰 차이점은, 천해파는 그 파속이 파장에 의존하지 않는 비분산성(非分散性)인 파도인데 대해, 심해파는 분산성 파도라는 점이다. 또 이 밖에 양자간의 큰 차이는 파도 속의 물의 운동 양상이다. 천해파에서는 물의 입자가 표층에서부터 심층까지 운동하고 있는데 대해, 심해파에서는 운동이 어느 정도의 깊이까지 밖에는 미치지 않는다(그림 1). 그러므로 폭풍우로 해면이 아무리 거칠어지더라도 잠수함은 조용한 바다 속을 항행할 수 있다. 또 그림에 보였듯이, 물의 입자는 같은 장소에서 왔다갔다 하고 있을 뿐, 파도와 함께 진행하는 것이 아니라는 점에 주목하기 바란다. 가까운 예로는 연못에 뜬 낙엽이 파도와 함께 기슭으로 밀려가지 않고, 같은 장소에서 오르내리고 있을 뿐이라는 점에서, 물의 입자를 낙엽으로 대치하여 생각하면 잘 알 수 있을 것이다.

풍파 중에서 그것을 생성하고 있는 바람의 영향을 받고 있는 것을 「풍랑」(風浪)이라 부르고, 생성풍역(生成風域)으로부터 빠져나간 파도를 「너울」이라고 구별할 때가 있다. 풍랑은 매우

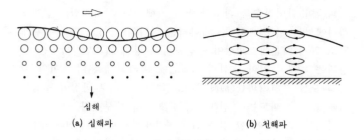

(a) 심해파　　　　　　　　　　(b) 천해파

그림1　(a) 심해파와 (b) 천해파의 입자운동

불규칙한 것이 큰 특징인데, 실제의 바다에서는 풍향도 풍속도 시시 각각으로 변동하고 있으므로, 파도도 끊임없이 변화하는 수구(水丘)의 집합체에 지나지 않으며, 개개 파도의 경계조차도 확실하지 않다. 따라서 풍랑을 기술(記述)하는 데는 통계적 수법이 필요하게 된다.

　이것에 대해 너울은 직접 바람의 영향을 받고 있지 않기 때문에 매우 규칙적이다. 특히 생성된 풍역(風域)으로부터 멀리 떨어져 나가면 짧은 파도는 마찰로서 감쇠하기 때문에, 파장이 긴 파도만이 비교적 변형되지 않고서 전파한다. 예컨대, 해안으로부터 멀리 떨어진 해상에 있는 태풍에 의해서 만들어진 파도가 너울이 되어 해안에 다다르는 일이 흔히 있다. 여름의 토용파(土用波)는 바로 이 너울인 것이다. 남위 40°에서 50°의 바다는 특히 겨울철(북반구의 여름철)에는 폭풍권이 되는데, 북반구에까지 너울이 도달한다. 하와이나 캘리포니아 연안에서는 이 너울을 이용한 파도타기(surfing)가 활발하다.

2. 쓰나미 (해일)

❖ 쓰나미의 특징

1983년 5월 26일 일본의 아키다현(秋田縣)을 중심으로 동해 연안에는 쓰나미가 엄습하여 많은 인명을 앗아갔다(사진 1). 이 때의 쓰나미는 아키다현에서 수백 km나 떨어진 외양에서 발생한 동해 중부 지진에 의해서 일어난 것이었다. 이와 같은 일본 근해의 해저지진으로 발생한 쓰나미는, 과거에도 여러 번 일본 연안을 습격했다. 쓰나미의 수로 말하면 태평양연안이 압도적으로 많은데, 특히 산리쿠(三陸)지방에 집중되어 있다. 이것은 일본의 태평양쪽에 지진대가 있다는 것과 산리쿠지방이 리아스(rias)식 해안으로서 V자형의 만이 많은 데에 기인한다.

쓰나미는 대양 가운데에서는 파고가 낮아 1m도 채 안 되는 것이 보통이다. 그러나 연안으로 접근해서 수심이 얕아지면 파도의 마루와 마루의 간격이 좁아지는 동시 마루높이가 급격히 커져서 육지로 향한다. 더구나 V자형 지형의 만에서는 만 속으로 파도가 모여들어 파고가 더욱 높아진다.

"쓰나미"라는 말은 일본어로서, 난류의 하나인 "구로시오(黑潮)", 한류의 하나인 "오야시오(親潮)" 또는 천황해령의 해산의 이름 등과 같이 일본이름이 해양학에서 많이 사용되고 있다.

그런데 이 "쓰(津)"라는 말은 본래 항구라는 뜻으로, 외양에서 조업하던 어선이 항구로 돌아와 비로소 쓰나미가 밀어닥쳤었다는 것을 안 적이 자주 있었다고 한다. 어원적으로는 「센 파도」라는 뜻의 일본어 「쓰요나미(强波)」가 변화한 것이라는 설이 있으며, 옛날에는 "해소(海嘯)"라고 써서 쓰나미로 읽

사진1 해안에 밀어닥치는 쓰나미

고 있었다고 한다. 이 말은 해소라고 읽으면 " tidal bore "
(5.「조석──이 거대한 파동」참조)를 가리키며, 타이딜 보어는 조
진파(潮津波)라고도 불려지기 때문에, 옛날에는 조석과 쓰나
미가 현상적(現象的)으로는 구별되지 않았음을 엿보게 한다.

　흥미롭게도 이런 사정은 서양에서도 같았던 모양으로, 영어로
는 쓰나미를 tidal wave 라고 한다. tide 는 　조석을 가리키
므로 글자대로 한다면 그 뜻은 조석파(潮汐波)가 된다. 그래서
현재는 혼동을 피하기 위해 학술용어로는 일본어의 　tsunami
가 쓰이고 있으며 한국에서는 해소, 해일이라고도 한다.

❖ **쓰나미의 발생**

　지진의 발생에 수반하는 지면의 진동은 " 지진파(地震波)"라
고 불린다. 그러나 지진파가 해수로 전파되어도 쓰나미로 되는
것은 아닌 까닭에, 해저지진이 늘 쓰나미를 일으키는 것은 아
니다. 쓰나미는 지진이 해저의 지각을 융기(隆起)하거나 　함몰
시켰을 때에만 일어난다. 즉 해저면의 오르내림에 　따라 그 위
의 해수가 들어올려지거나 아래로 빨려들어 가면, 다음에는 해

면이 본래의 위치로 되돌아 오려는 운동이 발생하고, 이것이 큰 파도가 되어 사방으로 전파(傳播)해 가는 것이 쓰나미다.

따라서 해저가 변화한다는 것이 중요하며, 그 원인이 반드시 지진일 필요는 없다. 해저화산의 분화에서도 지활(地滑 :땅이 사태를 이루어 미끄러지는 것)로 대량의 흙과 모래가 해저로 빠져 들어도 같은 효과가 얻어진다. 다만 실제에 있어서는 지진에 의한 쓰나미가 대다수를 차지하고 있다.

❖ 쓰나미의 속도

쓰나미가 발생하면 늘 그 피해의 크기가 보도된다. 물적 손해는 그렇다고 치더라도, 인명의 손상에 관해서는 그 쓰나미의 속도와 방향으로부터 관계지역에 대해서는 조기 경계예보가 발표되므로 미연에 방지할 수도 있다. 그렇다면 쓰나미는 어느 정도의 속도로 전파하는 것일까?

쓰나미의 파장은 수십 km∼수백 km가 되는 것도 있으므로 대양 속(평균수심 약 4,000m)에서는 「천해파」로 볼 수 있다. 그리고 그것이 전파하는 속도는 깊이를 h라 하면 $\sqrt{gh}$로서 표시된다(g는 중력가속도 = 980 cm/s²). 깊이 4,000m라면 초속 200m(시속 720km)로 진행하므로 항공기의 속도와 맞먹는 속도다. 다만 연안에 접근함에 따라 h가 작아지기 때문에 그 속도는 훨씬 느려진다.

만약 파원(쓰나미의 발생 위치)을 알 수 있다면 거기서부터의 수심에 따라 어느 방향으로 얼마만한 속도로 진행하는 가를 계산할 수 있기 때문에, 육안(陸岸)에 몇 분 후에 도착하는 가를 예측할 수 있다. 또 쓰나미의 주기는 생성된 상황에 따라 각각 다르기는 하지만 대체로 수십 분에서부터 1시간 정도의 것을 많이 볼 수 있다.

❖ 볏가리의 불

영국인으로 일본에 귀화한 문학자 고이즈미 야구모(小泉八雲:

Lafcadio Hearn)는 일본의 전설에서 취재한 작품을 많이 썼었
는데, 그 중에 『볏가리의 불』이라는 제목의 쓰나미를 소재로
한 작품이 있다. 어느 작은 마을의 주민들이, 난데없이 해수가
바다로 빠져 나가는 것을 이상하게 여겨서 옹기종기 바닷가로
모여 들었는데, 이것을 낮은 언덕 위에서 보고 있던 동장이, 자
기집 헛간에 쌓아둔 볏가리에 불을 질러, 마을 사람들을 모아
들게 하여 쓰나미에 휩쓸리는 위험에서 막았다고 하는 이야기
다.

실제의 쓰나미는 매우 복잡해서, 이와 같이 반드시 시작이 썰
물인 것만은 아니며, 최초가 밀물일 때도 있고 또 첫 번째의 파
도가 꼭 최대파고인 것만도 아니다. 해안 가까이의 쓰나미는
파도의 마루부분의 속도가 빨라서 골부분을 따라 잡듯이 진행
하여 전방으로 기울어지는 꼴이 된다. 극단적인 경우에는 마치
「물 벽」을 쌓아놓은 것처럼 보이는 일도 있다. 이런 의미에서
는 타이딜 보어와 닮았고 실제로 강을 거슬러 올라가는 일조차
있다(사진2). 또 쓰나미의 충격으로 항만의 내부에서는 며칠
동안이나 해면이 진동하는 조용한 진동을 일으키는 일도 드물
지 않다.

사진2 강을 거슬러 올라가는 쓰나미

❖ 역사상의 대 쓰나미

쓰나미는 환태평양(環太平洋) 지진대와의 관계로 대다수가 태평양 주변에서 일어나고 있다. 특히 일본의 태평양쪽 해안은 쓰나미가 내습하는 빈도가 많다고 할 수 있다. 그 밖에도 하와 이제도, 중남미의 서해안, 알래스카 근해, 동남아시아 등도 쓰나미의 내습이 많은 지역이다.

역사적인 쓰나미로는 1833년의 인도네시아의 크라카타우 (Krakatau)화산의 폭발에 의한 것이 있다. 최대파고 35m, 사망자 36,000여 명을 헤아리고, 그 여파는 멀리 북유럽에까지 미쳤다. 또 사상 최고의 쓰나미로는 1958년, 알래스카의 리츠야만으로, 육상에 지활(地滑)현상이 일어나서 그것이 바다 속으로 무너져 내린 반동으로 해수를 대안으로 520m의 높이까지 밀어 올렸다는 기록이 남아 있다.

이와 같은 원인으로 일어난 쓰나미는 일본에도 있었다. 1792년, 나가사키현(長崎縣) 시마바라(島原)의 마유산(眉山)이 무너져 내려 아리아케해(有明海)로 대량의 토사(土砂)가 흘러 들어갔다. 그 결과 아리아케해에는 파고 10m를 넘는 쓰나미가 발생하여 약 15,000명의 목숨을 앗아갔다고 한다.

대서양에서는 1755년의 리스본의 대지진에 의한 쓰나미가 유명하다. 이 때의 파도는 대서양을 횡단하여 서인도 제도에서도 6m의 높이가 기록되었다고 한다.

일본에서도 쓰나미의 피해가 가장 컸던 것은 1896년의 산리쿠 대쓰나미로서 22,000명이 목숨을 잃었다. 이 때의 만 내부에서는 25m의 파고가 있었다고 한다. 다만 쓰나미에 의한 피해의 크기는 쓰나미가 어느 정도의 도시를 습격하느냐, 그 도시가 어떤 방비체제를 갖추고 있는 가에도 따르는 것이므로, 반드시 쓰나미 자체의 크기와 일치하는 것만은 아니다.

❖ 쓰나미경보

1960년 5월 3일, 칠레 앞바다에서 큰 쓰나미가 발생했는데,

이 쓰나미는 22시간 반 남짓 후에 일본연안을 습격하여 막대한 피해를 주었다. 피해가 컸던 가장 큰 이유는 미리 경보가 발령되지 않았다는 점이다. 칠레쓰나미 이후, 환태평양(環太平洋) 여러 나라 사이에 쓰나미경보 국제연락망이 설치되고, 태평양의 지진대에 둘러싸인 위치에 있는 하와이에는 쓰나미 경보센터가 설치되었다.

먼 바다에서 생긴 쓰나미는 이 연락망을 통해서 쓰나미의 가능성을 예고할 수 있다. 그러나 근해에 파원이 있을 경우(일본에서는 이 경우가 대다수이다)에는 예보가 시간적으로 들어맞지 않는 것이 보통이다. 지진의 발생을 전해 주는 지진파는 쓰나미보다 훨씬 빠르기 때문에 쓰나미의 조짐이 될 수 있으나, 최초의 지진파가 오고부터 쓰나미의 제1파가 밀어 닥치는 시간은 불과 수분밖에 안 되는 경우가 대부분이다. 다만 근해에서 쓰나미를 수반하는 지진은, 인간이 직접 느낄 수 있는 것이 많다. 처음에 예로 든 동해 중부지진도 그러했다. 만약 해변에서 지면의 진동을 느끼면 곧 해안선으로부터 되도록 멀리 피해야 한다. 쓰나미의 침수범위권 밖으로 피난하는 데는 어린이라도 몇분이면 되므로 그리 어려운 일이 아니다. 쓰나미에 휩쓸려 들지 않으려면 진동이 느껴지면 지체없이 높은 곳으로 피하는 것이 중요하다.

현재의 쓰나미경보는 지진파에 의해서 진원을 추정하고, 진원이 바다라는 것을 확인한 후에 발령되고 있으므로, 그 경보가 전파를 통해서 전달되었을 때는 벌써 쓰나미가 밀어닥쳐 있다고 생각하는 것이 무난하다.

3. 유령선의 우회전

독자들도 유령선에 관한 전설을 한 번은 들은 적이 있을 것이다. 옛날의 범선시대에는 식량이 떨어지거나, 전염병 때문에 승무원이 모두 죽고 배만 표류하고 있었다는 이야기다. 북극 바다에서 얼음에 갇혀버린 이야기도 있었으나, 통신수단이 발달한 오늘날에는 이 같은 일은 일어나지 않을 것이라고 생각할지 모른다. 그러나 해상에서는 아직도 믿지 못할 만한 여러 가지 일이 일어나고 있다. 1983년의 「타임」지에 실렸던 화제거리 두 가지를 소개하겠다.

❖ 최근의 희한한 사건 두 가지

그 하나는 6월 20일호 타임지에서 제트 전투기가 화물선 위에 착륙, 아니 착선한 사건이다. 포르투갈 외양을 항행 중이던 스페인 화물선 알레이고호에, 영국의 해군 전폭기 시 해리어(Sea Harrier)가 불시착을 한 사건이다. 이 해군 전폭기는 항공모함 이라스토리아스로부터 훈련비행차 떠났었는데, 항공모함의 행방을 잃어버리고 연료가 떨어졌기 때문에 불시착했던 것이다. 화물선은 3,600 톤으로 배의 길이가 불과 120m 밖에 안 되었다. 전투기의 길이는 14m로 배의 1/8이었으나 조종사가 탄 채로 콘테이너 위에 무사히 내려 앉았다.

다음은 6월 4일호에 실린 기사이다. 베네수엘라의 화물선이 대서양 중앙부에서 「유령선」을 발견한 이야기다. 표류 중인 화물선은 사이프러스 선적을 가진 크라우드호로 2,383 톤이었다. 무선교신을 해도 응답이 없어서 세 명의 정찰대를 보내어 사람이 없는 것을 알았다. 기관실을 조사한즉 화재가 났던 흔적이 있었으나 불은 저절로 꺼져 버린 모양이었다. 구명정을 타는 곳에는 구두가 한쪽 떨어져 있을 뿐이었고, 식당에는 저녁식사가 준비되어 있었고, 무선기도 긴급교신 주파수에 맞추어져 있었다.

이 유령선의 수수께끼는 화물에 있었다. 소련제 122mm 포탄 1만 발이 실려 있었다. 그 후의 조사로 12명의 선원이 파나마선에 구조된 사실을 알았는데, 화약을 대량으로 싣고 있었는데다 화재가 발생했기 때문에 서둘러 도망친 모양이었다. 카나리 외양에서 버려진 배는 62일 후에 1,800마일이나 표류한 해역에서 발견되었다. 표류속도는 매시 약 2km로서, 매초로 환산하면 약 50cm가 된다. 민간선박에 왜 포탄이 실려 있었으며, 왜 62일 간이나 표류통보가 없었는지 수수께끼로 남아 있다.

❖ 프람호의 표류

노르웨이의 탐험가 난센(F.Nansen)에 대해서는 수많은 전기(傳記)가 나와있는데, 그는 그린란드와 북극해를 탐험하고 만년에는 외교관으로 활약했으며, 1922년에는 노벨 평화상을 받았다. 해양학에 있어서도 큰 공헌을 남겼는데 그가 발명한 난센 전도채수기(轉倒採水器)는 현재도 사용되고 있다.

그는 시베리아의 낙엽이 그린란드의 해안까지 표착하는 것에 착안하여, 얼음에도 부숴지지 않는 튼튼한 배를 사용하여 얼음과 함께 표류하면서 북극점을 통과할 계획을 세웠다. 그리하여 402톤의 프람호에 5년 몫의 식량을 싣고 1893년 하지(夏至)날에 출항했으나, 9월 25일에는 시베리아 외양에서 얼음에 갇힌 채 관측을 계속하면서 표류하기 시작했다.

1895년 3월 배는 북극점으로부터 500해리의 지점을 통과했다. 난센은 대원 1명과 도보로 북극에 다다르기 위해 3월 15일에 하선하여 얼음 위에 섰다. 그리고 고생끝에 4월 8일에 북위 86°13′까지 다다랐으나, 빙산이 앞을 가로막아 그 이

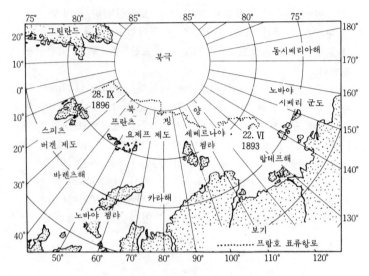

그림1 프람호의 표류 항로도

상은 더 나아갈 수 없어 배로 되돌아왔다.

그는 1896년 6월에 영국의 탐험가에게 구조되어 8월 13일 노르웨이로 돌아올 수 있었다. 얼음에 갇혀 있던 프람호는 그 1주일 후에 노르웨이로 돌아왔다고 한다. 출항 후 3년 2개월에 이르는 정말로 어려운 항해였다. 3년 간이나 통신이 두절되어 조난한 것이 틀림없을 것이라고 생각하고 있었으므로 정말 기적적인 생환이라고 말했다.

프람호는 얼음에 갇힌 채 해빙(海氷)과 더불어 표류하는 동안, 매일 일정 시간의 관측과 백곰 등의 관찰을 계속했다. 또 배 위로부터 와이어를 내리어 수심을 측정함으로써, 북극해에 3,000m 이상이나 되는 깊은 곳이 있다는 것과 사수(死水, 다음에 나오는 4. 참조)의 발견 등 많은 성과를 거두었다. 그리고 난센의 발견, 즉 빙산이나 얼음에 갇혔던 프람호의 표류 결과로부터 매우 중요한 사실이 발견되었다. 그것은 프람호가 표류한 방향이 풍향과 일치하지 않았다는 점이었다. 바람이 불어가는 쪽으로 향해서 우측으로 20도~40도의 방향으로 표류했던 것이다.

이 수수께끼는 스웨덴의 해양학자 에크만(V. W. Ekman)에 의해 1905년에 밝혀졌다. 에크만은 배가 똑바로 바람이 부는 쪽으로 흘러가지 않은 것은, 두 가지 힘이 작용하고 있기 때문이라는 것을 제시했다. 하나는 지구의 자전에 의한 전향력(轉向力)이다. 지구는 일정한 속도로 회전운동(자전)을 하고 있는 물체인데, 이와 같은 등속 회전체 위에 있는 물체가 운동을 하면 "코리올리(Coriolis)의 전향력"이라는 운동방향에 대해서 직각의 힘이 작용한다. 지구의 북반구에서는 이 힘이 운동방향에 대해 우측 방향으로(남반구에서는 좌측) 직각으로 작용한다.

바람이 불면 표면 가까이의 해수는 바람에 끌려서 바람이 불어가는 쪽으로 운반되고, 표층에 해류가 생기며(표층류), 그 속도는 풍속의 2~3%나 된다. 이 표층류에는 코리올리의 전향력이 우측 방향 90도로 작용하여 우측으로 구부려진다. 실제로 난센이 관측한 결과에서는 이것이 45도에 가까운데, 이것에는 또 하나의 힘, 즉 물의 점성력(粘性力)이 첨가되기 때문이다. 표층류가 얇은 층으로 되어서 움직인다고 생각하면, 물의 층과 층 사이에는 점성력이 작용하고, 이 점성 때문에 운동의 크기는 깊은 층일수록 작아진다.

에크만은 이 두 가지 힘을 고려하여, 표층에서는 45도 방향으로, 하층으로 감에 따라서 각도가 커지는 나선모양의 흐름을 하는 구조를 제시했다(제 I권 - 13. 「해류는 어떻게 해서 일어나는가」참조). 이 구조에서는 유속이 표층의 약 1/23이 되는 깊이에서의 흐름의 방향은, 바람이 불고 있는 방향과 정반대가 된다. 남반구에서는 북반구와는 반대로 해면에서부터 아래를 보았을 때 좌회전하는 나선모양의 유속분포가 된다. 그리고 이와 같이 북반구에서의 유령선은 풍향에 대해서 우로 45도 방향으로 흘러가게 되는 셈이다.

4. 유령선과 사수

작은 배를 특정 해역으로 몰아넣으면 스크루는 계속 움직이고 있는데도 갑자기 배가 멎는 일이 있다. 이 현상은 예로부터 선원들 사이에서는 물귀신이 끌어당겨 배가 나가지 않는 것이라고 하여 두려워했다. 이같은 현상을 "사수(死水)"라고도 한다(또 이 사수라는 말은 운동하고 있는 물의 일부가 정지해 있을 때, 그 흐름이 없는 영역을 가리키기도 한다. 모두 영어의 dead water를 번역한 말이라고 생각된다).

사수는 북극해와 같은 고위도의 바다나 하천으로부터 민물(淡水)의 유입량이 많은 해역 등에서 자주 볼 수 있는 현상인데, 이렇다 할 이유도 없이 왜 배가 나가지 않게 되는 것인지, 오랫동안 수수께끼로 되어 있었다. 그것이 19세기 말에야 겨우 스웨덴의 해양학자 에크만에 의해서 사수현상의 과학적인 해명이 이루어졌다.

❖ 내부파에 의한 공전

에크만에 의하면 이 사수현상은 해수 중의 내부파(內部波)에 기인하는 것이라고 했다. 그렇다면 이 내부파란 어떤 것일까?

물의 파동은 표면에서만 일어나는 것이 아니다. 예컨대 그림 1과 같은 수조 하층에는 물, 상층에는 기름을 붓고 이것을 흔들어 보면 두 유체의 경계면에 파동이 생기는 것을 알 수 있다. 이것이 "내부파"이며, 위의 유체와 공기의 경계에 생기는 파동은 외부파 또는 표면파라고 한다.

바다의 최고 표층인 수심 100m쯤까지의 해수는 보통 잘 뒤섞여져 있어서 밀도가 거의 변화하지 않고 균일한 상태로 되어

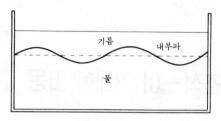

그림1 내부파

있다. 그러나 해수에는 염분이 포함되어 있으므로 해수 위에
만약 비가 내리거나, 민물(담수)이 흘러 들거나 하면, 흘러드
는 쪽의 물의 밀도가 작기 때문에 상층으로 엷게 퍼져서 거의
두 계층의 유체로 되어, 그림의 수조와 비슷한 조건이 된다. 이
때 만약 상층과 하층의 경계 위치에 배의 스크루가 있게 되면,
스크루의 운동은 내부파를 만들어 내는데에 소비되고 배의 추
진력으로는 되지 않기 때문에 배가 멎게 되는 것이다.

그러나 최근의 배는 마력이 커서 유령이 끌어당긴다고 하여
나아가지 못하는 일은 없을 것이다.

5. 조석—이 거대한 파동

바다에 조석(潮汐)의 간만(干滿)이 있다는 것은 누구나가 알고 있겠지만, 저 넓은 바다의 물을 움직이는 데는 막대한 에너지가 필요할 것이다.

❖ 간만을 일으키는 힘——기조력

보통, 해면의 주기적인 오르내림을 조석이라고 하고, 이 조석은 달과 태양의 "기조력(起潮力)"에 의해서 생긴다. 기조력은 저 유명한 뉴턴(I. Newton)의 「만유인력(萬有引力)」과 지구의 공전에 의한 「원심력」의 차에 의해서 생긴다. 달(또는 태양)과 지구는 그림 1에 보였듯이 양쪽을 연결하는 직선상의 한점 P를 중심으로 서로 회전운동을 하고 있다. P점은 양쪽의 공통 중심으로, 그림에서는 알기 쉽게 지표(地表)의 바깥쪽에 그려 놓았으나, 달과 지구의 경우는 지구의 중심으로부터 4,600 km의 위치, 즉 지구의 내부에 있다. 태양과 지구의 경

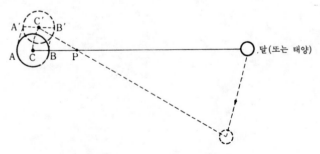

그림1 지구와 달(또는 태양)의 공전

우에서는 P점은 태양의 중심 가까이에 있다.

이 회전운동이 공전이라고 불리는 운동으로서, 지구의 자전과는 전혀 별개의 운동이다. 그리고 지구는 이 공전의 원심력과 만유인력의 평형 아래, 전체로서는 일정한 궤도 위를 움직이는데, 지구에 있는 물질에 작용하는 힘은, 지구가 상당한 크기를 갖고 있기 때문에 장소에 따라서 이 평형이 깨뜨려진다.

지금 A, B, C의 세 점을 선택하여 C점을 중심으로 생각하면 A, B점도 C점과 동일한 공전운동을 하고 있으므로, 이 세 점이 받는 공전원심력은 모두 같다. 그러나 만유인력은 지구의 중심으로부터의 거리가 멀어질수록 작아지기 때문에, C점에서 두 힘(원심력과 만유인력)이 평형되어 있다면, A점에서는 원심력쪽이 약간 크고, B점에서는 만유인력쪽이 조금 커진다. 그리고 이 힘의 차를 기조력이라고 부른다.

그림 2에는 모식적(模式的)으로 지구 위의 기조력의 수평성분의 분포를 보였다. 다만 이 그림에서는 달이나 태양의 어느 한쪽을 생각했을 경우의 그림으로서, 실제는 달과 태양은 다른 방위에 공존하고 있으므로, 기조력의 분포는 훨씬 복잡해진다. 또 달과 태양의 기조력을 비교해 보면 달쪽이 거의 두 배 가량 큰 것을 알 수 있다.

이 기조력이 해수에 작용하여 그림과 같은 그 성분분포에

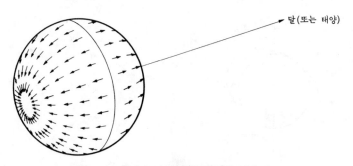

그림2 지구 위의 기조력(起潮力)의 수평성분의 분포

대응해서 해면에 고저가 생기는데 이것이 조석이다. 이와 같은 힘은 지구의 고체부분에도 작용하고 있는 셈이지만, 고체는 해수 등 유체와 비교해서 쉽게 변형하지 않기 때문에, 지각에 생기는 조석〔이것을 지구조석(**地球潮汐**)이라고 한다〕은 해양조석(**海洋潮汐**)보다 작아진다. 그래도 외양의 해저에서는 진폭수가 10cm에 이르는 지구조석이 있는 것으로 추정되고 있다.

❖ 일조부등

그림 3 은 해수의 팽창을 단순화시켜서 그린 것이다. 지구는 하루에 1회전(자전)을 하기 때문에, A점에 있는 사람은 달에 가까운 쪽의 팽창을 본 반나절 후에는 A′로 이동하여, 이 번에는 먼 쪽의 팽창을 보게 된다. 이것을 1일 2회조(1日 2回潮)라고 부르는데, 그림으로 알 수 있듯이 해면의 팽창은 A점쪽이 A′점보다 커진다. 즉 만조(밀물) 때의 수위에 차가 있는 셈인데 이것을 "일조부등(日潮不等)"이라고 하며, 일조부등은 달이 적도 위에 있을 때를 제외하고는 항상 일어나고 있다.

이 일조부등이 극단적일 경우, 예컨대 B점이 반나절 후에

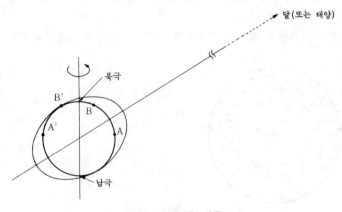

그림3 일조(日潮) 부등

B′점으로 이동하면 해수의 팽창이 없다. 즉 B점에서는 하루에 한 번 밖에는 만조를 볼 수 없다. 이것을 1일 1회조(1日1回潮)라고 한다.

그런데 우리가 썰물 때 개펄에서 조개를 잡을 때나, 낚시질을 갈 때 주의할 것은 밀물, 썰물의 시각과 대조(大潮)·소조(小潮)일 것이다. 그날 그날에 따라 만조 시각이 바뀌거나 개펄에서 조개잡이가 가능한 대조는 어떻게 하여 일어나는 것일까? 실은 지구 위의 A점이 본디의 자리로 되돌아오는데는 24시간이 걸리지만, 지구가 1회전하는 동안에 달은 공전운동으로 위치가 조금 바뀌어지기 때문에, 정확하게 지구 위의 한 점과 달과의 상대위치가 원위치로 돌아오는데 필요한 시간은 24시간보다 커진다. 이 때문에 만조와 간조의 시각이 매일 조금씩 달라지는 것이다. 그리고 실제는 달뿐만 아니라 태양의 기조력이 겹쳐지기 때문에, 태양과 달의 지구에 대한 상대위치에 따라서 간·만이 복잡해진다.

대조(大潮)는 달이 지구와 태양을 연결하는 선상에 있을 때(보름달과 초승달일 때)에 양쪽 기조력이 서로 보강해서 조위차(潮位差 : 간만의 차)가 최대로 되는 현상이다. 또 달이 지구와 태양을 연결하는 선에 대해서 직각방향으로 위치하고 있을 때는 태양의 기조력과 달의 기조력은 끌어당기는 방향이 다르기 때문에 상쇄하여 조위차가 작아지며, 소조(小潮)라고 불린다.

❖ 장주기조석

지금까지 설명한 조석은 그 주기가 약 반나절(半日周潮汐)인 것과 하루(日周潮汐)인 것 뿐이었으나, 이 밖에 장주기조석(長周期潮汐)이라고 불리는 기조력의 성분도 있다. 예컨대 달과 적도면이 이루는 각도의 변화나, 달의 공전궤도가 타원형인 까닭에 생기는 지구와의 거리변화 등이 원인이 되는 조석은, 약 반달 또는 1개월의 주기를 갖고 있다. 마찬가지로 지구가 태양주위를 공전하는 것에 기인하는 반년 또는 1년 주기의 조석도 있다. 그러나 장주기조석은 반일주조석이나 일주조석만큼 큰 변화를 보이지는 않는다. 또 극히 근소하지만 대기압의 주기변동 등이 원인이 되어서 일어나는 조석도 있는데, 이것은 특히 기상조석(氣象潮汐)이라고 부르며, 달이나 태양에 기인하는 천체조석(天體潮汐)과는 구별하고 있다.

❖ 조석의 예보

이상은 해수와 기조력이 항상 평형을 이루고 있는 것을 가정한 것이지만, 실제는 해수 자체도 운동하고 있으므로 이렇게 단순하지는 않다. 또 지형의 영향도 고려해야 하고, 해저의 마찰도 무시할 수 없다. 따라서 기조력을 알고 있어도 실제로 해면의 오르내림을 이론적으로 예측하기는 매우 어려우며, 현재로는 만족할 만한 결과를 얻지 못하고 있다.

현실로는 조석의 예보는 해마다 발표되고 있어, 어업이나 방재(防災) 등에 중요한 역할을 하고 있다. 이것은 연안의 조석검사소 등 과거에 조석기록이 채집된 지점에서, 그 기록을 분석하여 미래의 조위(潮位)를 예측한다. 즉 관측기록에는 기조력의 주기와 동일한 주기라고 생각하고서, 각각의 진폭과 위상(位相)을 기록한 것에서부터 구하여 그것을 합성하여 미래의 조위를 구하는 방법이다. 이 반쯤 경험적인 조석예보는 아주 좋은 정밀도로 적중한다. 자연현상 중에서 기상예보는 그리 믿을 만한 것이 못된다고 말하지만, 그래도 지진예보에 비교한다면 놀라우리만큼 정확하다고 할 수 있다. 그 기상예보보다 몇 배나 더 정확한 예보를 할 수 있는 것이 조석이다. 다만 이 예보는 조위기록이 없는 지점, 즉 외양 등에서는 쓸 수가 없다.

❖ 바다가름과 보어

한국의 남서 연안에 진도(珍島)라는 섬이 있는데, 이 섬은 "바다가름"이라는 현상으로 유명하다. 진도에서는 1년에 한 번, 바다가 둘로 갈라져서 해저가 드러나고, 사람이 뭍을 타고

걸어서 섬으로 건너갈 수 있게 된다. 이것을 조석의 말로 바꾸어 말하면 1년 중에서 조석의 썰물이 가장 큰 날이 된다. 구약성서에 실려 있는 유명한 모세(Moses)가 홍해를 건너가는 이야기가 이 "바다가름"과 관련이 있는지도 모른다. 한국에서 가장 간만의 차가 큰 곳은 아산만(牙山灣)으로서 10m쯤 되는데, 세계적으로는 15m 이상에 이르는 곳도 있으나 한국 서해안의 조차(潮差)도 상당히 크다고 하겠다.

역시 큰 조차로서 알려진 중국의 첸탕강(錢塘江)이나 남미 아마존강에서는 타이덜 보어(tidal bore)라는 현상을 볼 수 있다. 이것은 밀물이 되어 하구로부터 조석이 강으로 들어올 적에, 수면에 층차가 생겨서 마치 물벽이 강을 거슬러 올라가듯 하는 현상이다. 타이덜 보어가 형성되느냐는 것은 조차뿐만 아니라 하저의 기울기도 중요한 역할을 하는 것 같으며, 예컨대 옛날은 파리의 세느강에서 볼 수 있었으나, 하구공사를 한 후로는 볼 수 없게 되었다는 보고가 있다. 타이덜 보어는 단순히 보어라고도 하고 또 폭조단(暴潮端), 조석쓰나미(潮津波), 해소(海嘯) 등으로도 불린다.

6. 바다의 에너지이용

최근에는 세계적인 에너지사정의 변동에 따라 새로운 에너지 이용 시스팀이 연달아 개발되고 있는데, 해양관계에서도 각종 에너지이용이 연구되고 있다.

❖ 바다는 열의 거대한 저장고

인구가 증가함에 따라 또 문명의 발달과 더불어 지구 위에서 소비되는 에너지의 양이 가속도적으로 증가해 왔다. 우리가 사용하는 에너지는 그 근원까지 더듬어 가면 거의 모두가 태양복사(輻射)로부터 오고 있다. 태양의 에너지량은 막대한 크기여서, 아무리 우리의 에너지 소비량이 증가했다고 해도, 태양에너지에 비하면 수만 분의 1밖에 안 된다.

물은 비열(比熱)이 크고, 더구나 지구의 4분의 3은 바다로 덮여 있으므로, 바다는 태양에너지의 거대한 저장고라고 할 수 있다. 태양의 복사열이 전부 바다를 데우는 데에만 사용된다고 하더라도 전체 해수의 온도를 1℃ 높이는 데는 2년이 걸리는 것으로 추정되고 있다.

❖ 해양환경의 기초조사

실제로 바다에 저장된 에너지는 인간 생활에 있어서 플러스의 면에만 쓰여지고 있는 것은 아니다. 파도가 높으면 해난사고가 증가하고, 쓰나미나 고조(高潮)는 재해를 가져온다. 태풍은 해상에서 발생하는 것으로 알 수 있듯이, 일단 바다에 저장된 에너지가 대기운동으로 변환한 것이다.

이러한 마이너스면을 되도록 작게 하는 것이 바다의 에너지를 이용하는 첫걸음이라 하겠다. 쓰나미나 고조의 예보를 정확히 할 수 있고, 재해를 방지할 수 있다면 그것만으로도 그 이익은 헤아릴 수 없을 만큼 클 것이다. 파도와 해류의 성질을 더 잘 알 수 있게 되면 배의 건조비도 경감시킬 수 있을 것이다. 연안 해양에 관한 이해가 깊어진다면 항구의 설계와 관리도 개선할 수 있을 것이며, 북극해 항로가 개발된다면 일본과 유럽간의 항로는 절반으로 단축될 수 있을 것이다.

이렇게 생각하면 해양환경의 기초 조사야말로 해양을 이용하는 가장 중요하고 효과적인 방법일 것이라고 생각된다.

❖ 해류의 이용

가장 적극적인 의미로서의 해양에너지의 이용은 예로부터 선원들이 해 오고 있었다. 대서양에서는, 그들은 16세기 초부터 만류(灣流)의 존재가 알려진 이래, 미국에서 유럽으로 갈 때는 그 만류를 탔고, 거꾸로 유럽에서부터 아메리카 대륙으로 향할 때는 남쪽에 가까운 항로를 택해서 서쪽 방향의 해류를 이용해 왔다. 하기는 이러한 해류의 이용법은 극히 제한된 사람들 사이에 전승적(傳承的)으로 또 단편적으로 알려져 있었을 뿐이었던 것은 다음과 같은 에피소드에서도 엿볼 수 있다.

1770년에 보스턴의 세관으로부터 런던의 재무장관 앞으로 「런던에서 오는 우편물이 상용항로(商用航路)의 화물에 비해 2주일이나 늦다」는 항의가 있었다. 당시, 미국의 체신장관이었던 프랭클린(B.Franklin : 연뢰우기 실험으로 유명한 과학자, 저술가)은 이 수수께끼를 풀기 위해, 친척인 포경선장에게 그 까닭을 물어보았다. 그 결과 우편선이 만류를 거슬러서 항해하고 있다는 사실이 판명되었다. 그래서 프랭클린은 우체국에서 만류도(灣流圖)를 인쇄하여 배포했는데 그 뒤 우편물의 지연이 없어졌다고 한다.

조직적으로 관측자료를 수집하여 최적 항로를 제안한 것은 해양학의 시조라고 일컫는 모우리(M.F.Maury : 미국의 해군사관)이다. 그는 자신의 조사결과를 1854년 『Lanes for strea-mers crossing the Atlantic』으로 정리했는데, 영국이 그의 제안에 따라 항로를 선택했던 바, 영국—미국 사이에서 약 10일, 영국—오스트레일리아 사이에서 약 30일간의 항해일수를 절약할 수 있었고, 이 결과로 얻어진 이익이 연간 수십만 파운드에 이르렀다고 한다.

현재, 해류의 가장 적극적인 이용방법으로서 바다 속에 거대한 터빈을 설치하여 발전하는 아이디어가 나와있기는 하지만, 기술적으로 지극히 곤란하여 실현 가능성이 희박한 것으로 생각되고 있다.

❖ 온도차 발전

해수의 에너지이용의 다른 방법으로는 표층과 심층의 온도차를 이용한 발전이 연구되고 있다. 해수의 온도는 표층에서 가장 높고 깊어질수록 저온이 된다. 특히 열대해역에서는 표층의 수온이 28℃정도까지 상승하므로, 예컨대 수심 500m에서의 해수의 온도차는 20℃에 이른다. 이 온도차를 이용함으로써 해수로부터 에너지를 끌어낼 수 있는데, 그 원리를 그림 1에 보였다.

지금, 용기 두 개가 있고, 용기 A에 온수를, B에는 냉수를

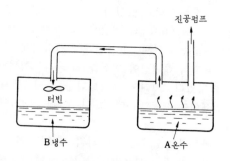

그림1 온도차 발전의 원리

넣어 양쪽을 파이프로 연결한다. 양쪽 용기로부터 진공펌프로
공기를 뽑아내면 용기 내의 압력이 내려간다. 압력이 낮아지면
물의 끓는점이 내려가기 때문에 용기 A의 온수가 끓기 시작한
다. 그러면 수증기가 발생하고 수증기는 연결관을 통해서 용
기 B쪽으로 분출한다. 연결관에 터빈을 부설해 두면, 이 때 터
빈을 돌려서 발전을 할 수 있다. 수증기는 용기 B의 냉수로 냉
각되어 물이 되므로 두 용기 내의 압력이 내려가서 계속적으로
온수가 끓게 된다.

용기 A의 온수는 기화열(氣化熱)을 빼앗겨 온도가 내려가는
동시에, 용기 B의 냉수에는 수증기의 응결열이 방출되어 온도가
올라가기 때문에 마지막에는 온도차가 없어지고 그 이상 에너
지를 끌어낼 수 없게 된다. 온수도 냉수도 그 양이 클수록 기
화열이나 응결열에 의한 수온의 변화를 작게 할 수 있으므로
무진장으로 있는 해수를 쓰면 될 것이기 때문에, 온도차 발전
은 해양에 적합한 이용방법이라 할 수 있다. 아프리카의 상아
해안(象牙海岸)의 아비장에는 프랑스정부에 의해 출력 7,000
kW의 온도차 발전소가 시험적으로 건설되어 있으나, 아직 실
용화까지는 이르지 못하고 있다.

❖ 기후의 개조

해양에너지의 이용 중 가장 웅대한 구상은 해수의 열분포를
바꿈으로써 기후를 개선하려는 것으로, 예컨대 베링해협에 제
방을 건설한다거나 구로시오를 북극해로 끌어들인다거나 하는
안은 소련이 옛부터 생각하고 있었다. 또 대서양으로부터 난수
(暖水)를 북극해로 끌어들이고, 만류를 만들어 태평양으로 흘
려보내자는 안도 있다. 그러나 이렇게 해서 북극해를 따뜻하게
하면 전세계의 기후에 어떤 영향을 미치게 될 것인지 확실한
예측이 서있지 않으며, 지구 전체가 추워질 것이라는 설도 있
다.

일본에서도 2차대전 전에 마미야(間宮)해협을 막아 **오호츠**

크해의 냉수가 동해로 들어가는 것을 막자는 생각을 한 사람이 있었다. 그러나 그 영향이 별로 없을 것이라는 결론이 내려져 실행에는 이르지 못했다. 그 까닭은 댐이나 제방이 손쉽게 만들어질 만한 해협은 본래 해수의 유입량이 적을 것이기 때문에 동해 전체의 수온을 바꿀 만한 기능은 하지 못할 것이라는 이유이다.

해협 중에서 가장 유량이 큰 것은 남극대륙과 아프리카대륙 사이에 있는 드레이크해협이다. 너비 1,000, 깊이 3,000m나 되며 남극환류(南極環流)라고 불리는 큰 해류가 통과하고 있다. 이 해협을 폐쇄하면 기후가 개조(改造)될지도 모른다. 그러나 이런 거대한 제방을 만든다는 것은 곤란하므로, 남극의 얼음을 끌어와서 얼음으로 막으면 어떻겠느냐는 안을 낸 사람도 있다.

기류에 의한 기후개조가 이루어진다면 그 효과는 매우 클 것이겠지만, 기술적인 곤란을 극복하여 실현하기까지는 아직도 수십 년, 수백 년이나 걸릴 것으로 생각된다.

7. 조석발전과 파랑발전

❖ 조석에너지의 이용

조석의 에너지도 원시적인 형태로서는 옛부터 이용되어 왔다. 조석의 간만에 따라서 흐름이 생긴 것을 조류(潮流)라고 하는데, 조류로 수차(水車)를 돌리고, 이것을 동력으로 이용해서 제분(製粉)을 하는 장치가 이미 11세기에 프랑스에서 사용되고 있었다는 기록이 남아 있다. 중세에는 이런 조류 수차를 이용한 제재소와 제분소가 유럽에는 수많이 가동하고 있었고, 브르따뉴지방의 데베그강 하구의 섬에서는 현재도 이것이 사용되고 있다고 한다. 그러나 보다 큰 규모로 조석 에너지를 끌어낼 수 있은 것은 1966년에 만들어진 프랑스의 랑스 조석발전소가 처음이다.

조석발전(潮汐發電)의 원리를 한 마디로 말하면, 만조 때에 해수를 저수지로 끌어들여, 조석이 빠지고 해면이 낮아질 때에 그 물을 떨어뜨려 발전기를 돌리는 것이다. 해수가 저수지로 흘러들 때에도 발전기를 돌리거나, 보조 펌프를 사용하여 해수를 저수지로부터 퍼내거나, 퍼올리거나 하는 조작을 하면 효율이 높아진다. 그러나 조석발전의 효율을 결정하는 가장 큰 요인은 저수되는 물의 양이다. 저수량을 크게 하기 위해서는 조차(潮差)가 크고 또 넓은 저수지를 만들 수 있는 입지 조건이 좋아야 한다는 것이 가장 중요하다.

위에서 말한 랑스강 하구에서의 조차는 13.5m이며 하구에서의 조류의 유량은 매초 5,000m³이다(강 자체의 유량은 10m³에도 미치지 않을 정도이다). 또 랑스강을 댐으로 막아 만든 저수지의 용량은 1억8,400만m³로 이것은 우리 나라 한강의 팔당댐

보다 조금 작은 편이다. 랑스발전소의 연간 발전량은 약 5.4억 kW시로 프랑스의 수력발전량의 약 1%를 차지하고 있다. 프랑스는 이 밖에 연간 30억 kW시의 전력을 얻을 수 있는 조석발전소를 계획했으나 아직껏 실현되지 않고 있다. 이 밖에는 중국과 소련에 소규모의 것이 가동하고 있는 이외는 모두 계획단계인데, 조석발전소가 좀처럼 실현되지 않는 것은 건설비용이 많이 드는 것이 가장 큰 이유이다. 한국의 서해안은 조차가 크기 때문에 특히 가로림만과 천수만은 조석발전에 적당하다고 보고 있다.

세계적으로 보면 영·불해협과 중국, 소련 외에도 남북 양 아메리카대륙에는 조차가 큰 곳이 꽤 많아서, 이들 이용 가능한 전세계의 조석에너지는 현재 10억 kW로 추정되고 있다(하천에 의한 수력에너지는 이것의 4배 정도로 생각되고 있다). 그러나 앞으로 약 100년 동안에는 석유나 석탄의 매장량이 줄어드는 동시에 조석발전소의 수가 증가할 것으로 예상된다.

그런데 조석발전이라는 것은 조류를 무리하게 멈추는 작용을 하기 때문에 자칫하면 지구의 자전을 늦추게 될지도 모른다. 그러나 걱정할 것은 없으며, 그 비율은 매우 미소해서 무시해도 될 만큼 근소하다. 본래 조석에너지는 아무 일을 하지 않아도 마찰로 상실되고 있기 때문에, 조석발전소가 없더라도 자전의 지연은 있는 것으로서, 어쨌든 10만 년 후에는 하루의 길이가 1초쯤 길어질 정도라고 추정되고 있다.

❖ 파랑발전

조석 이외에 파도의 힘을 이용해서 에너지를 얻는 시스팀이 있다. 바다의 파도는 일년 내내 그치는 일이 없다. 그래서 이 파도의 힘을 이용한 발전장치가 고안되어 이미 실용화되어 있다. 그림 1은 그 원리를 보인 것이다.

중앙에 파이프를 부착한 부이를 해상에 띄우면, 부이는 파도와 함께 상하운동을 하는데, 파이프 안의 해수면은 파도의 영

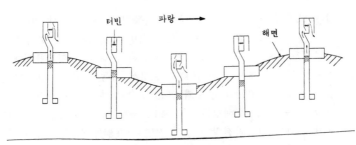

그림1 파랑발전의 원리

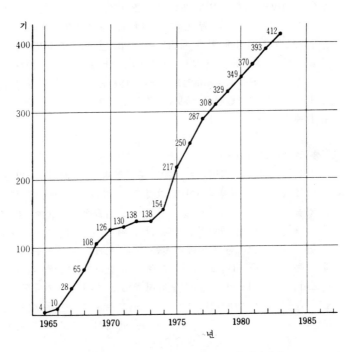

그림2 일본 해상보안청의 파랑발전장치의 수적 추이

향을 받지 않고 거의 같은 위치에 머물러 있다. 따라서 파이프 안의 공기가 압축되고 그 압력으로 터빈을 돌려서 발전한다. 이 발전장치는 일본에서 개발된 것으로, 주로 해상의 항로표지(航路標識)와 해양조사용 전원(電源)으로서 작동 중이며, 그 수도 일본 근해에만 600개 정도가 있는 것으로 추정되고 있다.

그림 2는 일본의 해상보안청(海上保安廳)에서 부표용으로 사용되고 있는 파랑발전장치 수의 연변화(年變化)이다. 종래의 전지식의 것에 비해 보수가 간단한 것과 무공해 전원이라는 점이 큰 장점이다.

이것들의 대부분은 최대출력 60W까지의 것이지만 최근에 출력 500W의 대형장치가 개발되어 쓰여지기 시작했다. 또 이와 같은 중앙 파이프식 부표뿐만 아니라, 해양고정식의 파랑발전장치도 민간기업에 의해 제작되어 1966년에는 도쿄만 입구의 아시카섬 등대용 전원으로 설치되었으나 잘 작동되지 않아 수년 후에 태양전지(太陽電池)로 대치되었다. 그러나 해양에너지의 이용 중 파랑발전은 규모는 작으나마 이미 성공을 본 소수의 예라고 할 수 있다.

❖ 해양에너지의 미래

바다의 에너지를 끌어내는 수단 중, 현재 실용화되고 있는 것은 조석발전과 파랑발전이며 그것도 극히 소규모로 행해지고 있을 뿐이다. 원리적으로는 가능해도 기술적인 곤란이 있는데다, 석유에 의한 화력발전보다 값이 꽤나 비싸게 친다는 것이 결점이다. 그러나 해양에너지는 화석(化石)에너지에는 없는 매우 큰 장점을 지니고 있다. 원료가 무한하여 고갈될 걱정이 없으며, 또 대기오염도 문제가 되지 않고, 방사성 폐기물도 나오지 않는 청정(淸淨)에너지이다. 그러므로 수십 년 뒤 석유나 석탄의 매장량이 바닥을 드러낼 때는 에너지원으로서 상당히 큰 비중을 차지할 것으로 생각된다.

현재로서는 대체 에너지원으로서 원자력이 주목되고 있으나,

이것은 주로 단가(單價)가 싸다는 이유에서이다. 그러나 이 단가계산이라는 것은 지극히 애매한 것이어서, 예컨대 석탄의 경우, 평균 10년에 한 번 정도로 일어나는 탄갱화재 등의 인명사고 회수를 1,000년에 한 번 꼴로 줄일 수 있을 만한 설비를 갖춘다면, 석탄의 단가는 현재의 2배나 3배로 금방 될 수가 있다.

원자력발전의 경우는 상당히 엄밀한 안전성을 고려하고 있지만, 사고가 일어났을 경우는 그 영향이 매우 광범하게 미치기 때문에, 안전도의 기준을 어디에 취하는 가에 따라서 부지의 면적도 달라지고, 만일의 경우에 대비해서 어느 정도로 경계를 엄중히 할 것인가에 따라서도 그 단가는 조석발전보다 싸게도 또 비싸게도 치게 된다. 원자력선 「무츠」의 원가를 건조비만으로 치느냐, 그 후에 일어난 사회적 불안을 해소시키는 데에 든 비용까지 포함시키느냐에 따라서 큰 차가 있는 것과 같은 이치이다. 그러므로 해양에너지가 원자력에너지에 비해서 비싸다는 논의는 반드시 옳다고 할 수만은 없다.

그러나 어떻든 해양에다 에너지원을 구하는 것은 헛수고라고 말하는 의견도 있다. 즉 해양에 저장되어 있는 에너지 중 조석이 차지하는 비율은 적고 대부분은 파력(波力)과 온도차인데, 이 두 가지가 다 큰 에너지는 연안이 아니라 외양에 모여있다. 외양에 발전소를 건설하는 기술적인 곤란성도 문제이지만, 얻어진 전기를 어떤 수단으로 육상으로 보내느냐는 것도 큰 문제이다. 또 대량의 전기에너지를 비축하는 수단도 현재로서는 아직 개발되지 않았다. 만약 그 수단이 개발된다고 하더라도, 그렇다면 해양에너지를 전기로 변환하기 보다는 차라리 태양의 열복사를 직접 비축하는 편이 능률적이라고 생각된다(소규모의 태양전지는 이미 사용되고 있다). 따라서 파랑발전이나 온도차 발전의 개발을 확대하기 보다는 차라리 바다를 목장(牧場)으로 사용하여 식량증산을 지향해야 할 것이라는 의견도 있다.

실제로 식량부족이 에너지부족보다 더 심각하므로 그것이 좋

을지도 모르겠다. 한편 새로운 에너지가 얻어지더라도 그것을 어떻게 분배하는가를 결정하지 않으면 에너지부족의 올바른 해결은 되지 않는다. 에너지를 획득하기 위해 전쟁이 일어나고, 대량의 에너지가 낭비되는 식의 일은 과거에도 있었다. 특히 바다는 어느 나라에도 속하지 않는 공해(公海)가 대부분이므로, 분쟁이 일어나기 쉬운데, 실제로 어업자원을 둘러싸고 세계 각국 간에는 연중 마찰이 생기고 있다. 이렇게 생각하면 해양에너지의 미래는 결코 밝은 것이라고만은 말할 수 없는 현상이라 하겠다.

8. 만약 바다가 말라버린다면?

❖ 암흑의 해저

바다는 해수로 차있다. 해수는 빛을 거의 통과시키지 않는다. 수족관의 물고기나 어항의 금붕어는 잘 보이지 않느냐고 말할지 모른다. 그러나 잘 보이는 것은 용기의 크기가 작거나 깊이가 얕기 때문이다. 빛은 해수 속에서 흡수되고 산란되어 점점 약해진다. 10m 저편에서 나온 빛은 아무리 맑은 해수에서도 본래의 밝기의 2할 이하로 떨어져 버린다.

태양이 이글이글 내리쬐는 열대의 바다에서도 깊이 100m에서는 석양이 질 때 정도의 밝기밖에 안 되며, 좀더 깊은 곳은 밤도 낮도 캄캄한 암흑세계이다. 깊은 해저에 무엇이 있는지, 해면으로부터 아무리 응시해도 볼 수가 없다. 그렇기는 커녕, 설사 성능이 뛰어난 잠수함으로 잠수하여, 강한 라이트를 비추어도 수 10m 앞이 보이질 않는다. 심해저의 상태를 현재도 상세히 잘 알지 못하는 이유의 하나는 이 때문이라고 할 수 있다(제Ⅳ권 - 9.「빛은 바다 속의 어디까지 닿는가?」참조).

심해저의 연구를 방해하는 또 하나의 사실은 해수가 빛뿐만 아니라 전파(電波)도 통하지 않는 성질을 가졌다는 점이다. 육상에서는 전파를 사용하여 통신을 할 수 있고, 지구에서 수만 km 떨어진 우주선(宇宙船)과의 사이에서도 전파에 의해 통신이 가능하고 원격조정조차 가능하다. 그러나 바다 속에서는 이와 같은 전파에 의한 원격측정이 전혀 불가능하다.

❖ 해저의 측정

그렇다면 심해의 깊이나 해저의 기복(起伏)은 어떻게 알 수 있을까? 옛날에는 배에서부터 긴 밧줄을 드리워 바다의 깊이를 측정했다. 밧줄끝에 무거운 추를 매달아 그 추가 해저에 닿으면 밧줄이 느슨해지며, 그 때에 드리운 밧줄의 길이를 측정하면 그것이 바다의 깊이를 나타내게 된다. 그러나 수 km나 끝에서 추가 해저에 닿았는지 어떤지를 알아내는 일이므로, 마치 낚시줄끝에 작은 물고기가 걸렸는지 어떤지를 알아내는 것 같이 어려운 일이다.

그래도 이 방법으로 세계의 바다 깊이가 대부분 측정되었다. 바다의 깊이를 알아둔다는 것은, 배가 암초에 얹히지 않고 안전하게 항해하기 위해서는 반드시 필요하기 때문에, 각국이 다투어 상세한 측심(測深)을 했다. 그 결과 해저는 의외로 기복이 많고, 산과 골짜기가 있으며, 벼랑이 있는 복잡한 얼굴을 가진 세계라는 것을 알게 되었다.

❖ 음향측심기의 발달

밧줄이나 강철 와이어를 사용한 측심은 그것에 익숙해지면 상당히 정확한 값을 얻을 수가 있다. 현재 항해에 사용되고 있는 해도(海圖)에도 이 방법으로 측정된 수심이 기입되어 있는데, 최신기계로 측정한 값과 거의 차가 없다. 그러나 한 점을 측정할 때마다 배를 멈추고, 오랜 시간이 걸려서 추를 오르내려야 하기 때문에, 넓은 해역의 측심에는, 막대한 시간과 힘이 든다. 그래서 무언가 좀더 좋은 방법은 없을까 하고 고안된 것이 음파(音波)의 이용이다.

해수 속에서는 빛이 전해지지 않는 대신, 음파는 공기 속보다 빠르게, 더구나 멀리까지 닿는다는 것이 알려져 있었다. 따라서 선저로부터 아랫방향으로 큰 소리를 보내어 그 소리가 해저에서 반사해서 다시 배로 되돌아오는 시간을 측정하면, 바다의 깊이를 측정할 수 있을 것이다. 보통 해수 속에서 음파의 속도는 1초간에 1,500m이므로, 만약 음파를 발사해서 반사음을 수신하기까지 6초가 걸렸다면, 이것은 음파가 배와 해저를

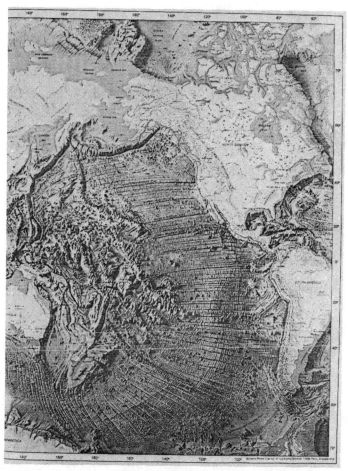

그림1 태평양의 해저 부감도

왕복하는 데에 소요된 시간이므로 편도는 3초, 따라서 수심은 4,500m가 된다.

보통, 배가 항해하는 속도는 매초 5~10m쯤이다. 따라서 배가 달리고 있더라도 바로 위로 반사되어 온 음파를 선저에

장치한 청음기(聽音器)로 들을 수가 있다. 그래서 이 방법 즉 음향측심(音響測深)으로서는 배가 달려가면서 계속해서 깊이를 측정할 수가 있다. 이 방법에서는 보통 귀로 들을 수 있는 소리보다 조금 높은 초음파(超音波)를 사용한다.

청음기가 하나뿐일 때는 배의 바로 밑에서 반사해 온 소리를 들어서 바로 밑의 수심만을 알게 되지만, 청음기의 수를 증가시키면 다소 비스듬히 옆에서 오는 반사도 식별할 수 있다. 스테레오녹음, 스테레오방송의 구조를 생각해 보면 이해가 될 것이다. 이와 같이 음향측심법을 사용하면 측량선의 항로를 중심으로 하여 연속적으로 어느 너비의 범위에 대한 수심도를 그릴 수가 있다.

❖ 해저의 기복

음향측심법이 진보한 덕분에 현재는 해저의 미세한 들쭉날쭉까지도 지도에 그려낼 수 있게 되었다. 태평양의 중앙 등은 아직도 축척(縮尺) 100만분의 1로서 500m 간격의 등심선(等深線)으로 나타낸 지도를 그려낼 수 있을 정도이지만, 정밀한 조사를 하게 되면 지금까지 알려지지 않았던 산을 발견할 수 있을 정도로 되었다. 그러나 조사가 완전히 잘 된 해역에서는 5,000분의 1의 축척으로서 10m 간격의 등심선을 그려낼 수가 있다. 여러분이 하이킹 등에 사용하는 지도는 축척 5만분의 1, 등고선의 간격이 100m로 된 것이 많을 터인데, 해저의 기복(起伏)도 이제 겨우 육상과 같은 정도로 자세히 알 수 있게 된 셈이다.

그뿐만 아니라 경우에 따라서는 을지로 3가의 어느 모퉁이를 꺾어서 몇 m를 가면, 몇 m 높이의 빌딩이 있다는 것과 같을 정도의 정밀도로서 해저의 지형도 알게 된 것이다. 그림 2는 스루가만(駿河灣)의 세밀한 수심도를 바탕으로 하여 해저의 기복을 한 눈으로 알 수 있게 그린 스케치이다.

만약에 바닷물이 바싹 말라버린다면 산 위에서나 비행기 위

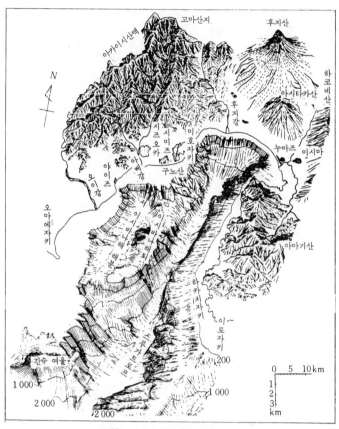

그림2 스루가만의 해저 부감도

에서부터 이런 해저의 기복이 틀림없이 내려다 보일 것이며, 태
평양 한가운데도 대서양에도 심한 기복이 있는 것을 제트기로
부터 관찰할 수 있을 것이다. 물론 바다물이 말라붙는 따위의
일은 결코 일어날 수 없다. 그러므로 해저를 새와 같이 위에서
부터 조감(鳥瞰)한다는 것은 불가능한 일이지만, 최신 기술은
심해저도 물과 같이 세밀하게 조사할 수 있게 만든 것이다.

심해저의 상태는 이 시리즈에서도 여러 번에 걸쳐 이야기할 셈으로 있다. 심해저에는 눈에 보이지 않는, 사람이 살지 않는 또 하나의 세계가 있다. 그리고 그 기복의 하나하나가 우리가 살고 있는 지구의 역사를 속삭여주고 있음을 알게 될 것이다.

9. 해저를 달리는 단층

❖ 해저의 단열대

온세계의 해저에는 대양 중앙해령(大洋中央海嶺)이라는 거대한 산맥이 무한히 이어져 있다는 것은 제 I 권-10 의 「해저를 따라가는 거대한 산맥」에서 설명한 바 있다. 그런데 이 중앙해령의 지형을 좀더 자세히 관찰하면, 그 산꼭대기가 곳곳에서 마치 생선회를 칼질을 한 것처럼 잘라져 있는 것을 알게 될 것이다.

해령의 능선은 해저가 갈라져서 새로운 해저가 생기고 있는 곳이라는 것(제 I 권-9.「해저는 움직인다」참조)도 이미 잘 알고 있을 터이지만, 그 단면은 해저가 갈라져서 확산하는 작용이 한 능선에서 다음 능선으로 계주되어 가는 중계점에 해당하는 것이다. 즉 알기 쉽게 설명한다면, 종이에 수직으로 달리는 몇 개의 평행선을 그어두고 이것을 단열대(斷裂帶)라 보고, 여기에다 가로로 몇 개의 선을 그려넣어 그 선과의 교점에 이르면 반드시 그 선을 건너야만 이웃 평행선으로 옮겨 가는 것과 같은 것이다.

이 단면의 양쪽에서는 해저의 이동방향이 정반대가 되기 때문에, 단면은 일종의 횡단층(Lateral fault)이 된다. 사실 이와 같은 단층 위에서 때때로 일어나는 지진을 관측하여 그것이 일어나는 방법을 조사해 보면, 단층선(斷層線)을 경계로 하여 수평인 반대방향으로의 힘이 작용하고 있다는 것을 알 수 있다. 한 해령으로부터 다음 해령으로, 이 단층을 따라가면서 해저의 확산작용이 이동하고 있다는 점에 착안하여 이것을 "트랜스폼 단층(transform fault)"이라 부르고 있다(그림 1).

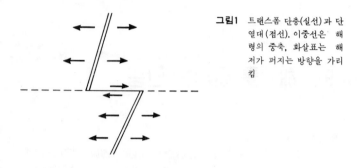

그림1 트랜스폼 단층(실선)과 단열대(점선). 이중선은 해령의 중축, 화살표는 해저가 퍼지는 방향을 가리킴

왜 해령이 이음자리가 없는 매끈한 하나의 선이 아니고, 적어도 300 km에 한 번 꼴로 트랜스폼 단층으로 단열(斷裂)되어 있는가는 한마디로는 설명할 수가 없다. 딱딱한 부꾸미(煎餅)나 얼음판을 둘로 쪼개면 곧은 금보다는 톱니꼴의 들쭉날쭉한 금이 생기는 것과 닮았다고 할 수도 있을 것이다.

❖ 해저의 만리장성

트랜스폼 단층은 지형으로서는 주위의 일반 해저보다 깊게 되어 있는데, 이 때문에 대서양에서는 옛날에 해구(海溝)로 잘못 알았을 정도이다.

트랜스폼 단층은 해령의 능선과 능선을 접속할 뿐으로 그 양쪽의 연장선 위(그림 1의 점선)에서는 어떠한 수평운동도 없다. 그러나 해령이 모두 그 능선을 중심으로 좌우대칭의 모양을 하고 있는 것을 생각하면, 지형상으로는 단층의 연장선 위에도 벼랑이 형성되어 있음을 이해할 수 있을 것이다. 즉 단층을 사이에 끼고 해령의 능선에 가까운 쪽이 먼 곳보다 수심이 얕게 되기 때문이다(그림 2).

더구나 단층을 따라가면서 지구 심부의 암석 즉 물을 함유하여 팽창한 바위, 예컨대 녹색의 사문암(蛇紋岩) 등이 꿰뚫고 들어오는 일이 자주 있으므로, 벼랑은 점점 더 대규모로 되는 수가 있다. 곳에 따라서는 높이 2,000m를 넘는 가파른 벼랑

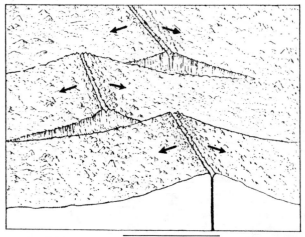

그림2 단열대의 생성

이 수백 km나 이어져 있는 일이 있다. 이와 같이 형성된 벼랑을 단열대(斷裂帶)라고 부른다.

북미 캘리포니아 외양으로부터 서쪽으로 뻗어 있는 멘도시노 단열대는 그것의 최대의 예이다. 동으로는 멘도시노곶(岬)에서부터 서로는 일부변경선의 서쪽까지 고도차가 무려 3,500m에 이르는 곳도 있는데, 이것이야말로 바로 해저의 만리장성이 아니겠는가?

❖ 정연하게 늘어선 단열대

동태평양의 만리장성은 비단 멘도시노 단열대만이 아니다. 흥미롭게도 그것과 거의 평행으로 약 600m의 간격을 두고, 북에서 남으로 머레이, 몰로카이, 클라리온, 클리퍼턴 등으로 명명된 단열대가 늘어서 있다(그림3). 멘도시노 단열대는 북쪽이 높고 남쪽 면은 벼랑인데, 머레이 단열대의 벼랑은 북으로 면하고 있다. 몰로카이 단열대는 하와이제도의 몰로카이섬을 딱 가로지르고 있기 때문에 그런 이름이 붙여졌다.

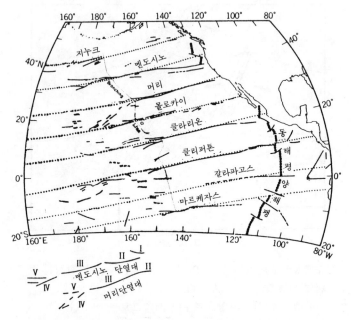

그림3 북동태평양의 단열대. 자세히 관찰하면 왼쪽 아래의 그림과 같이 5회의 다른 운동이 있고, 점선은 제Ⅲ회에 대응한다

단열대는 대서양에서도 거의 동서에서 많이 볼 수 있다. 서태평양이나 대서양의 양 가장자리처럼 오래된 해저에서는 벼랑의 층차가 차츰 작아지는데다 두터운 퇴적물에 덮혀서 해저지형이 뚜렷이 나타나지 않게 되어 있다.

❖ 지구 심부를 들여다 보는 창문

단열대는 높은 벼랑을 형성하고 있을 뿐 아니라 균열(龜裂)을 수반하는 일이 자주 있다. 이 금을 따라서 해저의 지각이 깊은 곳에 있는 암석이 표면으로 얼굴을 내밀고 있을 가능성이 많은 것으로 생각되고 있다. 해저의 구조를 조사하는 학자나, 해저를 통해서 지구 심부를 탐색하려고 시도하는 학자는 이 점에서도 단열대에 주목하고 있다.

잠수조사선에 의해 균열 속으로 잠항(潛航)하여 그 벽을 조사하거나, 단열대에 보링을 실시함으로써 육상에서는 결코 관찰할 수 없는 지구 심부를 엿볼 수 있는 날도 멀지 않을는지 모른다.

10. 구멍 투성이의 해저

해저조사가 갓 시작되었을 무렵에는 해양은 지질시대를 통해서 하나도 변한 것이 없다는 생각이 지배적이었다. 그러나 20세기 초에 독일의 기상학자인 베게너(A.L.Wegener)는 대서양양 연안의 지형이 흡사한데서 힌트를 얻어, 대륙이 이동한 것이 아닐까 하는 설(대륙이동설)을 제창했다.「움직이지 않음이 대지와 같다」하고 생각하고 있었던 당시의 연구자들의 맹렬한 반대 때문에, 이 생각은 거의 말살되다시피 되었다. 그러던 것이 20세기 중엽에 영국을 중심으로 한 연구자들의 고지자기(古地磁氣)의 연구로부터 대륙이동설이 극적으로 부활되었고, 그 후 해양해저 확대설(海洋海底擴大說), 플레이트.테크토닉스(plate tectonics)설로 발전되어 왔다(제Ⅰ권-9.「움직이는 해저」참조).

이들 주장에 의하면, 해양저(海洋底)는 중앙해령을 용출구(湧出口)로 하여 형성되고, 해구를 침입구(沈入口)로 하여 소멸되는 두께 70~100km의 플레이트(판)가 벨트 콘베이어처럼 회전하고, 대륙은 그 벨트 콘베이어 위에 실려서 이동해 간다는 것이다. 이 설에서 해양저는 2억 년 정도의 주기로서 갱신되기 때문에, 중앙해령 부근의 암석과 진흙의 연대가 가장 젊고, 해구 가까이의 진흙이나 암석이 가장 오래된 것이 된다. 이 지구과학상의 중대한 모델을 증명하기 위해서는 해저에 깊은 구멍을 뚫고 거기서 얻어지는 진흙이나 암석의 연대를 결정하면 될 것이다.

❖ 모홀계획

이같은 목적을 위해서는 심해굴착선이 필요하다. 미국에서는

1961년에 이 모호면(Mohorovicic 불연속면, 줄여서 Moho면)까지 굴착하려는 계획이 있었다. 그것은 그보다 전에 대륙이나 도호(島弧 : 弧狀列島)에서는 지진파의 속도가 6.8 km 정도에서 8.0 km 정도로 급변하는 면이 지하 30~80 km의 깊이에 있는데 대해, 해양저에서는 이 면이 10 km도 채 안 되는 얕은 곳에 있다는 사실이 알려졌다. 따라서 해양에서 굴착을 하게 되면, 육상에서 하는 것보다 더 쉽게 모호면에 도달할 수 있을 것이라고 생각되었기 때문이다.

모홀(Mohole)계획은 굴착선 카스 1 호를 사용하여 버뮤다 외양에서 추진되었다. 그러나 당시에는 보링의 회전촉(bit)을 교환해 가면서 다시 굴착할 수 있는 기술이 없었기에 회전촉이 파괴되면 굴착을 포기해야 하는 상태였다. 보링은 해저 171 m까지 굴착한 시점에서 불행히도 회전촉이 파괴되어 그치고 말았다. 그러나 이 계획은 인류가 처음으로 해저암석의 주상시료(柱狀試料)를 채취하였다는 점에서 기념할 만한 일이었다.

❖ 심해 굴착계획

모홀계획에서는 모호면까지 굴착하겠다는 꿈이 사라져 버렸지만 사람들의 해양저에 대한 관심은 한층 더 깊어졌다. 그 후 미국의 스크립스 해양연구소(캘리포니아 대학), 라몬트 도어티(Lamont Doherty)해양연구소(콜럼비아 대학), 웃즈홀 해양연구소가 중심이 되어 새로운 심해굴착이 추진되었는데, 이것이 심해굴착계획이다. 1968년에 글로마 챌린저(Glomar Challenger)호를 사용하여 굴착이 시작되었다. 글로마 챌린저호(사진 1)는 심해굴착용의 높은 망루를 가진 15,000톤의 배로 글로발 마린 회사에서 만든 것이다. 챌린저호라는 이름은 영국군함(HMS) 챌린저호에서 딴 것이다. 선수와 선미 양쪽에 두 쌍의 스러스터(thrusters : 押上機)를 가졌고, 해저에 던져 넣은 비콘(beacon: 音源)에 의해 해저의 정확한 위치를 알아내어 컴퓨터제어로서 배를 항상 굴착점 바로 위에 유지하도록 설계되어 있다.

사진 1 글로마 챌린저호

높은 망루로부터 파이프를 연결하여 해저까지 드리우고 그 선단에 굴착용 회전촉(bit)을 부착하여 파이프 전체를 회전시키면서 굴진한다. 회전촉이 굴착에 의해 파괴되어 버리면 재삽입 콘이라는 깔때기모양의 것을 굴착구멍에 두고 파이프 전체를 회수한 뒤 회전촉을 새로운 것으로 교환하고 다시 파이프 전체를 내려서 굴착해 나가는 것이다. 글로마 챌린저호에는 세계 각국에서 모인 연구자들이 승선하여 약 50일간의 항해 중에 한 점 내지 수개 점의 굴착을 하였으며, 연구자는 얻어진 퇴적물과 암석을 상세히 연구하여 그 결과는 첫 연구보고로서 1000페이지에 가까운 보고서로 만들어졌다.

❖ 굴착 결과

심해굴착의 결과는 먼저, 대서양 중앙해령으로부터 멀어짐에 따라서 퇴적물의 연대도, 그 밑에 있는 현무암의 연대도 오래된 것임이 확인되어, 해양저 확대설의 정당성이 실증되었다. 또 해령에서 멀어지는데 따라서 퇴적물의 두께도 마찬가지로 증대한다는 것이 밝혀졌다. 이 계획은 1975년부터 국제 심해굴착계획으로 이름을 바꾸어 일본, 영국, 프랑스, 독일, 소련 및 미국이 함께 참가하여 지구과학의 제1급 프로젝트로 되었다. 그 결과 해양저의 연대는 가장 오래된 것도 2억 년을 넘지 않는 듯하다는 것을 알게 되었다.

1981년 4월 2일까지 글로마 챌린저호는 543개소의 굴착점에서 910개의 구멍을 해양저에 뚫었다. 그런 만큼 해양저는 심해굴착에 의한 구멍 투성이일 것이라는 느낌이 들기도 한다. 그 동안에 굴착한 총연장거리는 208,235m로 실로 16,164개의 코어(core)가 얻어졌다. 회수된 코어의 길이는 72,832m나 된다. 또 글로마 챌린저호는 591,962km의 거리를 항해한 것이 된다.

가장 깊숙히 꿰뚫고 들어간 곳은 북대서양의 398측점(測點)으로서 해저 1,741m가 굴착되었다. 현무암층 중에서도 가장 긴 623m(59절의 448A 측점)가 굴착되었다. 가장 오래된 퇴적물은 쥬라기(Jura紀 : 지금부터 약 1억 4천만 년~2억 년쯤 전)의 것이었다.

11. 진흙의 증언

해양은 지구 창생기(創生期)부터 존재하면서 여러 종류의 진흙이 해양 속에 축적되어 왔다. 해양 진흙의 연대를 조사해 보면 현재 확인된 가장 오래된 것이라도 쥬라기(Jura紀 :지금으로부터 1억 4천만~2억 년 전)의 것이다. 한편 육상에 노출되어 있는 지층이나 암석 중에는 40억 년 이상의 오래된 것이 알려져 있다. 그렇다면 해양은 그토록 오래부터 있었는데도 왜 진흙은 상당히 새로운 시대의 것일까? 또 해양저(海洋底)에는 어떤 진흙이 어떻게 분포되어 있고 그것은 또 지구사(地球史) 가운데서 어떤 역할을 하고 있을까?

❖ **해양저의 퇴적물**(진흙)

해양저의 단면을 살펴보면, 먼저 약 4 km의 해수가 있고, 그 밑에는 수백 m의 퇴적물로 이루어진 제 1 층이 있다. 또 그 밑에는 주로 현무암으로 이루어진 제 2 층, 반려암으로 이루어진 제 3 층, 그 다음에 상부 맨틀(mantle)이 있다. 이와 같은 성층구조(成層構造)는 어느 바다에도 거의 같으며 이것은 주로 지진파(地震波)에 의해서 확립되어 있다.

제 1 층을 형성하는 표층의 퇴적물은 지구 위의 장소에 따라서 크게 달라진다. 그리고 이 표층의 퇴적물을 구성하고 있는 물질은 크게 나누면, 아래의 다섯 가지 요소 — ①육원(陸源) 물질, ②생물원(生物源) 물질, ③화산원(火山源) 물질, ④지구외(地球外) 물질, ⑤자생(自生) 물질로 분류할 수 있다.

육원 물질이란 주로 하천에 의해서 운반되는 육상의 암체(岩體)와 지층의 풍화(風化)분해물이다.

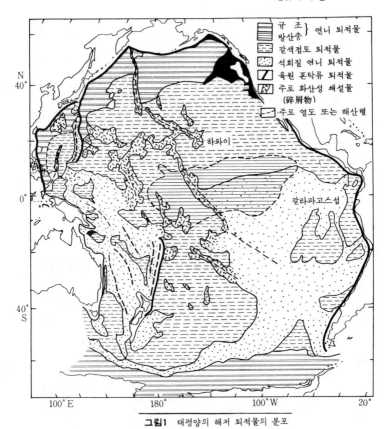

그림1 태평양의 해저 퇴적물의 분포

생물원 물질이란 해수 속에 서식하는 생물의 유해(遺骸)가 퇴적한 것으로 돌이 되면 처트(chert)나 석회암 등이 된다.

화산원 물질이란 육상이나 해저에서 일어난 화산활동에 유래하는 물질로서, 화산재 등은 육상에서 분화했을 경우에도 분화장소로부터 1,000 km 이상이나 떨어진 해저까지 도달하는 수가 있다.

지구외 물질이란 운석이나 우주진(宇宙塵) 등인데, 운석이 해저에서 발견된 예는 아직껏 없는 것 같다.

자생 물질이란 해저에서 형성되는 광물이나 광물의 집합체로서 되어 있다. 해록석(海綠石)과 망간단괴(團塊) 등이 이것에 해당한다.

이들 물질은 그 분포에 특징이 있다. 그림 1은 태평양저의 표층 퇴적물의 분포를 보인 것이다. 이 분포도를 살펴보면 위에서 말한 물질의 분포가 매우 한쪽으로 치우쳐진 특징을 가졌다는 것을 한 눈으로 알 수 있다. 다음에서 이 분포상황을 살펴보기로 하자.

❖ 생물원 물질의 분포

생물원 물질은 크게 둘로 구분할 수 있다. 하나는 석회질 껍질(殼)을 갖는 유공충(有孔虫)과 나노플랑크톤(nanoplankton)이고 다른 하나는 규질각(硅質殼)을 갖는 규조나 방산충(放散虫)이다.

전자는 어느 깊이(보통 4,000m쯤)보다 깊은 곳에서는 그 껍질이 해수에 녹아 버린다. 따라서 그보다 수심이 깊은 곳에서는 후자가 훨씬 많다. 규질각을 갖는 생물 유해의 분포는 위도와 거의 평행인 것을 알 수 있으나 중위도에는 그리 없고 고위도와 저위도 지역에 분포해 있다.

한편 석회질각을 갖는 생물의 유해는 수심이 좀 얕은 중앙해령이나, 해저 화산군 주변에 분포해 있는 것을 알 수 있다. 이와 같은 서식 분포는 해수의 온도, 해류의 패턴, 영양염(營養鹽)의 분포에 지배되고 있다.

❖ 육원 물질의 분포

육원 물질의 대부분이 하천에 의해 운반된 것이기 때문에, 그 분포는 당연히 뭍에 가까운 장소에 한정되어 있다. 도호-해구계(島弧-海溝系)에서는 해구가 있기 때문에 육원 물질의 대부분은 이 함몰된 부분에 퇴적하고, 그보다 바다쪽으로는 거의 도달하지 않는다. 육원 물질이 두껍게 퇴적해 있는 곳으로는 간디스강 하구에 있는 벵갈 심해 선상지(深海扇狀地)와 미시시피강 하구의 멕시코만 등을 들 수 있다. 이와 같은 선상지에는 자갈과 모래진흙을 주로 한 거치른 육원 물질이 두껍게 퇴적해 있고 석유와 천연가스가 많은 곳으로 되어 있다.

❖ 화산원 물질의 분포

화산원 물질은 육상의 거대한 분화에 의한 화산재와, 해저화산의 활동에 의한 용암과 수쇄암(水碎岩)이 주가 된다. 따라서 이들 물질의 분포는 해저화산군과 중앙해령 주변 및 도호 –해구계의 바람이 진행하는 방향 주변에 한정되어 있다. 화산재의 분포는 분화구를 중심으로 하여 탁월풍(卓越風)의 진행방향 지역에 포물선을 그리며 분포하기 때문에, 북반구의 중위도 지역에서는 주로 화산호(火山弧)의 동쪽에 분포해 있다.

❖ 진흙의 지구과학적 의의

이와 같이 해저 퇴적물의 종류나 분포는 각각 다르지만, 이들은 지구과학 분야에서 어떤 의의를 갖고 있을까?

해저퇴적물의 축적 속도는 뭍에 가까운 곳에서는 크지만, 대양 한가운데에서는 육원 물질의 공급이 거의 없기 때문에 작아진다. 이와 같은 퇴적물을, 예컨대 깊이 10m의 길이로 채집하면 수백만 년에서부터 천만 년 전의 정보를 얻을 수가 있고, 이 정보를 분석함으로써 지구과학자들은 아래에 든 몇 가지 사실을 밝혀 왔다.

❖ 고지자기 층서(古地磁氣層序)

지구의 자기장(磁氣場)은 기나긴 지질시대를 통하여 빈번하게 역전되어 왔다는 것이, 암석의 고지자기(古地磁氣)와 연대측정으로 알게 되었다. 즉 앞에서 말한 것과 같은 퇴적물 속에는 미세한 입자로 된 자철광(磁鐵鑛)이라는 광물이 함유되어 있다. 이것은 작은 자석의 역할을 하고 있으며, 이것이 해저에 퇴적될 때는, 그 때의 지구자기장 방향으로 정렬하여 퇴적된다. 대양에서 퇴적물은 1,000년에 1mm~수mm의 속도로 퇴적하기 때문에, 긴 시대에 걸쳐서 지구자기장의 역전 역사를 알 수 있다. 또 화석의 연대와 결부된 자기장의 역전사(逆轉史)는 태평양, 대서양, 인도양에서도 광범한 해역에 대해서 잘 일치하고 있다는 사실이 확인되었다.

❖ 미화석 층서(微化石層序)와 고해양학(古海洋學)

주상(柱狀)퇴적물 속에는 많건 적건 간에 생물의 유해가 함유되어 있다. 이들 화석은 일정한 방향으로 진화와 절멸(絕滅)을 반복하고, 결코 원상으로 되돌아가지 않기 때문에, 지질학적인 시가의 척도(尺度)로서 효과적이다. 주상퇴적물의 연대는 이것을 이용해서 구해진다. 심해 굴착계획에서 굴착된 가장 오래된 퇴적물은 쥬라기의 칼로비안(Callovian : 지금부터 1억 6천만 년쯤 전)까지 거슬러 올라간다는 것이 알려져 있다. 또 부유성 생물군의 서식 심도나 해역에 관하여도 연대마다 그 환경을 현생종(現生種)과 비교하여 추정할 수 있어, 고해양학(古海洋學)에 관한 유용한 정보를 끌어낼 수가 있다.

❖ 화산회 층서(火山灰層序)와 분화사(噴火史)

도호(島弧)에 가까운 지역에는 육상의 분화활동에 의해 방출된 화산재가 넓은 지역에 분포해 있다. 화산활동은 지질학적인 규모로 보았을 경우는 거의 순간적인 일이다. 따라서 한 장의 화산재는 하나의 시간 척도로서 지극히 효과적인 정보원이 된다. 미화석(微化石)에 의해 구해지는 연대는 아무리 정확도가 좋더라도 100만 년 단위이지만, 화산재라면 원칙적으로 수천 년~수백 년의 세밀한 단위로서 역사 속에 지질학적인 사건을 기록할 수가 있다. 또 화산재를 위에서부터 아래로 관찰해 감으로써 한 도호 또는 화산의 분화역사 전체를 엮을 수도 있다.

❖ 진흙의 증언

해저퇴적물이 말해 주는 것은 이 외에도 갖가지 정보가 있는데, 이들 정보는 최근에 제창된 플레이트 테크토닉스(plate tec- tonics)설을 지지해 주는 중요한 것이다. 이미 위에서 설명한 대로 퇴적물 속의 미화석은 그 연대나 환경에 관한 정보를 제공해 주는 셈인데, 중앙해령에서 형성된 새로운 플레이트가 양쪽으로 확대·이동해 간다고 하는 모델에서는, 플레이트 위에 실려지는 퇴적물의 연대는 해령을 대칭축(對稱軸)으로 하여 양쪽으로 갈수록 점점 오래된 것으로 되고 그 속에는 몇 번의 역전 자기장의 역사를 지니고 있다. 이것은 실제로 해양저에서 실시된 심해굴착 결과 이 모델이 옳다는 것이 증명되었다.

또 이동하는 플레이트가 도호에 접근해 오면 육원 물질과 도호 기원의 화산성 물질이 서서히 증가하게 될 것이다. 이것은 일본 근해의 심해굴착에 의해서 확인되었다.

이와 같이 하여 이동하는 플레이트 위에 실려지는 진흙은 플레이트의 이동에 따라 각 장소의 환경변화를 웅변적으로 이야기해 주는 역사가라 하겠다. 해저의 진흙에 관한 자세한 연구에 근거하여, 현재 육상에 노출되어 있는 조산대(造山帶) 퇴적물의 과거의 모습을 알아내려는 시도가 이루어지고 있다. 최근에는 남반구에 있었던 여러 대륙괴(大陸塊)가 북미나 일본 등으로 이동해 와서 덧붙여지고, 거기에 조산대가 형성되었다고 하는 조산운동론(造山運動論)이 전개되고 있다.

12. 해저의 새로운 광물자원

  해저의 새로운 광물자원으로서 쓸모있는 금속을 다량으로 함유하는 열수성 황화물 광상(熱水性 黃化物 鑛床)이 주목을 끌게 된 것은 불과 수년 전의 일이다. 이것의 직접적인 계기는 동태평양해령에서 구리와 아연을 다량으로 함유하는 황화물 광상이 발견되었기 때문이다.

  그러나 유용 금속을 함유하는 황화물 광상이 해저에서 발견된 것은 이것이 처음은 아니었다.

❖ 홍해의 큰 광상

  홍해는 아프리카대륙과 아랍반도에 둘러싸인 너비 300 km, 길이 2000 km의 길쭉한 바다이다. 이 홍해에서 1880년대에 염분과 수온이 높은 해수가 해저 가까이에서 발견되었다. 홍해의 2000 m보다 얕은 물은 보통의 해수와 가까운 조성(組成)이었으나, 그보다 깊은 함몰지에 고여있는 해수는 온도가 44∼56 ℃로 높고, 염분량도 270 g/kg 이상이라고 하는 보통 해수의 8배에 가까운 놀라운 값이다. 이 뜨겁고 진한 해수 밑에 중금속이 풍부한 퇴적물을 발견한 것은 1965년의 미국 조사선 아틀란티스(Atlantis) 2세호였다.

  이 퇴적물은 규모로나 그 품위로나, 만약에 그것이 지상에 나타났더라면 대광상(大鑛床)으로서 충분히 이용될 수 있을 정도의 구리와 아연 등의 쓸모있는 금속을 함유하고 있었다.

  그런데 이 뜨겁고 진한 해수의 조성은, 표준 해수보다 칼슘이온이 높고, 이것에 반해 마그네슘이온이 매우 낮다는 것을 알았는데, 그보다 더 이상한 일은 구리나 아연 등의 중금속을 많이 함유하고 있는 점이었다. 이와 같은 해수가 어떻게 해서 생겼을까? 그것에는 몇 가지 생성방법을 상상할 수 있었다.

그 하나는 해면에서 물이 증발하여 농축되고, 무거워진 물이 해저로 가라앉은 것이 아닐까 하는 것이다. 그러나 만약 증발·농축에 의해서 생성된 것이라면 제염과정에서 생기는 간수의 조성에서 볼 수 있듯이 마그네슘이온의 함유량이 높아질 것이다. 그러나 사실은 그와 반대이며, 게다가 중금속 함유량이 크다는 것도 설명이 안 된다.

둘째 생각은 미국의 크렉(Harmon Craig)에 의해 제창되었다. 그것은 「홍해 남단의 해수가 땅 속으로 잠겨들어서 땅 속의 퇴적물이나 암석과 반응하면서 홍해의 중앙부에서 솟아 올랐다」고 하는 생각이다. 이 설명에는 해수의 산소와 수소의 동위원소비, 용존가스, 열류량(熱流量)이라는 최신 지식이 구사되어 있었으므로 많은 사람들이 그것을 믿었다.

그런데 그 무렵부터 해양저 확대설(海洋底擴大說 : 후에 플레이트 테크토닉스라 불림) 학설이 발전하여 크렉의 설을 부정하고 말았다.

해양저 확대설에 따르면 해저에는 해분(海盆)이라는 심해 평원과 그 평원으로부터 2000～4000m로 솟아오른 해령이 있고, 대해령은 서로 연결되어 대양 중앙해령이라 불리고 있다. 중앙해령에서는 맨틀로부터 마그마(magma)가 상승하여, 그것이 냉각·고화(固化)해서 옆방향으로 확대한다는 현상이 일어나고 있다고 한다. 그리고 홍해 바닥은 인도양 중앙해령의 연장으로서 지금부터 600～800 만 년 전에 확대하기 시작했다고 한다.

만약 그렇다면, 홍해의 중금속니(重金屬泥)나 짙은 염수(鹽水)는 해저의 화성활동(火成活動)에 수반되는 열수로부터 원소가 공급되어 생겼다는 것이 된다. 사실 자세히 조사해 본즉 짙은 염수역에는 금속 황화물에서부터 금속 산화물로 질서 정연하게 분포해 있으며 열수성 광상의 모습을 보여주고 있다.

그래서 각국의 과학자는 홍해의 성과에 뒤질세라 대서양과 태평양의 중앙해령에서 조사를 시작했던 것이다.

❖ 동태평양의 광상 생성 현장

최초로 실시된 것은 미국과 프랑스에 의한 대서양 중앙해령 37°N에 있어서 잠수정을 주체로 한 「패이머스(Famous)계획」 이었다. 그러나 기대가 컸음에도 불구하고 열수성 황화물 광상은 끝내 발견되지 않았다. 그러나 과학자들은 단념하지 않고 그 후에도 각지에서 정력적인 조사를 계속했다.

그리하여 1979년, 마침내 열수성 황화물 광상이 발견되었다. 동태평양해팽(海膨) 21°N에서 실시된 「라이즈(RISE) 계획」에 의한 조사로서, 잠수조사선 앨빈호는 380 ± 30 ℃의 고온 열수의 분출과 황화물 광상의 침적(沈積)현장을 발견했다.

열수가 해저의 굴뚝(Chimney)으로부터 분출되고 있는 것이 앨빈호의 조명에 의해 어둠 속에 비쳐 나왔다. 분출을 볼 수 있는 굴뚝은 특별히 스모커(smoker)라고 명명되었다. 스모커에서 분출되는 연기에는 흑색인 것(black smoke)과 백색인 것(white smoke)이 있고, 양자의 차는 함유된 미립자에 의한다는 것

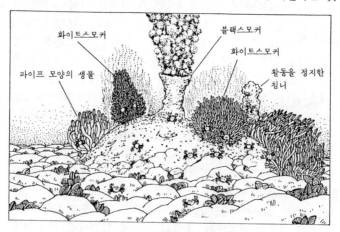

그림1 동태평양해팽 21°N의 해저의 열수광상의 상태

을 알았다. 또 블랙 스모크의 온도는 350℃ 전후이고 분출속도는 1~3m/초이며, 한편 화이트 스모크는 300℃ 이하이고 분출속도도 1m/초 이하이다. 그리고 화이트 스모크의 주위에는 게나 관상(管狀)생물을 많이 볼 수 있다. 또 분출이 멎은 굴뚝도 볼 수 있다(제Ⅱ권-3. 「해저온천 탐방기」 참조).

굴뚝은 황동광, 섬아연광, 황철광 등의 황화광물과 황산염 광물, 황 등으로 이루어져 있고 작은 언덕(mound) 위에 서 있다. 이 언덕은 허물어진 굴뚝조각으로 되어 있으며 높이 1m, 너비 5m쯤의 것에서부터 높이 20m, 너비 50m에 이르는 것까지 있다.

1980년대에 들어서 미국 오리건주의 후안데프카해령과 고르다해령에서도 황화물 광상이 발견되었다. 그리고 이 곳이 미국의 200해리 이내의 배타적 경제수역(經濟水域)이라는 데서 기업적인 채취에 있어서 다른 나라로부터의 제약을 받지 않는다는 것이 미국에서 클로즈업 되었다.

이것에 뒤질세라 일본에서도 주변 해역의 열수성 광상 조사가 시작될 것이라고 하는데, 유감스럽게도 일본 주변에는 중앙해령이 없다. 그러나 해저화산은 수많이 있기 때문에, 해저화산의 활동에 수반되는 큰 광상이 일본의 주변에서 발견될 가능성이 있으므로, 광물 자원이 적은 나라로서는 기대를 걸고 싶은 과제라 하겠다.

13. 망간단괴의 수수께끼

해양학에 있어서의 수수께끼의 하나는, 해저 표면에 널리 분포하는 둥근 망간단괴(團塊)이다. 이 단괴는 망간과 철의 산화물로 이루어졌고 니켈, 구리, 코발트 등의 유용(有用)금속을 수%나 함유하는 데서 최근에 해저 광물자원으로서 매우 주목되고 있다.

❖ 해저의 망간단괴

해저에 망간단괴가 있다는 것은 19세기 후반의 챌린저호의 항해에 의해서 발견되었고, 연달아 알바트로스호에 의해 망간단괴의 분포조사가 실시되었지만, 본격적인 조사는 제2차 세계대전이 끝나고서부터이다.

최근의 활발한 해양조사에 의해서 1950년대에는 세계 각지

사진1 망간단괴가 밀집해 있는 적도 태평양해저의 사진

의 해저에 망간단괴가 널리 분포한다는 것을 알게 된 동시에 동부 태평양, 북서 대서양, 인도양의 일부에 특히 농밀하게 집적되어 있다는 사실이 발견되었으며, 망간단괴의 화학 조성에 관한 데이터도 증대했다.

1965년에는 미국의 메로(J.Mero)가 망간단괴의 전량을 약 1조 톤(육상에서 해마다 채굴되는 망간의 10만 배)으로 추정하고 니켈, 구리, 코발트 등의 유용금속의 광물 자원이 될 수 있다는 것을 상세히 논했다. 그리고 이 발표에 자극을 받아 미국, 일본, 독일 등 선진국은 망간단괴의 탐사와 채취기술의 개발에 힘을 쏟기 시작했다.

❖ 망간단괴의 성인

망간단괴의 탐사·채취기술의 개발과 더불어 망간단괴의 성인(成因)에 관한 연구도 시작되었다. 그리고 망간단괴에 어째서 망간, 철, 니켈, 구리 등이 풍부하게 함유되는가를 설명하기 위해 세 가지 설이 제창되었다.

첫째는 대륙의 암석이 풍화하여 입자로 되어 해양으로 운반될 때, 망간과 철은 미립자와 함께 심해로까지 운반된다는 설이다.

둘째는 퇴적물 내에서 망간이나 철이 상승 이동을 하여 해저의 표면에 농축된다고 하는 생각이다.

그리고 세째는 해저 화산의 활동에 의해서 망간이나 철이 해수에 첨가되었다고 하는 설이다.

이들 세 가지 설은 일장 일단이 있어 아직까지는 어느 것이 유력한가를 결정할 수는 없다. 여기서 잘못된 결론을 내리기보다는 망간단괴 자체를 좀더 자세히 살펴보기로 하자.

❖ 망간단괴의 성장속도

망간단괴를 둥글게 절단해서 그 내부를 살펴보면 사진2와 같이 상어이빨이니 암석조각을 핵으로 하여 그 핵 주위에 동심원

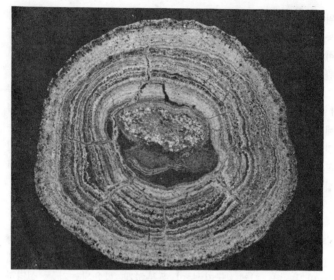

사진2 망간단괴를 절단한 사진

(同心円)으로 성장해 있는 것을 알 수 있다. 그렇다면 그것의 성장속도는 어떠할까?

천연으로 극소량 존재하는 방사성 핵종(核種)인 토륨 - 230, 우라늄 - 234, 베릴륨 - 10 등의 연대측정이 이것에 대답해 준다. 망간단괴를 표면으로부터 차례로 엷게 벗겨 나가서 그 박편의 방사능이 줄어드는 상태로부터 그 성장속도를 결정할 수 있다. 그래서 이 연대측정에 의한 심해저 망간단괴의 성장속도는 100 만 년에 2mm 정도라는 것을 알았다. 한편 심해저 니(深海底泥)의 퇴적속도는 1000 년에 약 2mm라는 것도 알고 있다.

위의 성장속도로 망간단괴가 2 cm까지 성장하는 데는 1000 만 년이 걸리는 셈이 된다. 이 동안에 퇴적물은 20m나 쌓여질 터인데, 이 망간단괴는 변함없이 해저의 표면에 있다. 망간단괴가 표면에 있다는 것은, 최초에 성장하기 시작했을 때보다 20m나 높은 곳에 있다는 것이 된다. 퇴적물이 눈처럼 내려 쌓이는 가운데서, 망간단괴가 매몰되지 않고 어째서 해저 표면에 계속하여 존재할 수 있을까? 이것은 해양에 있어서의 커다란 수수께끼로 되어 있다.

여기서 이 수수께끼에 도전해 보기로 하자. 먼저 망간단괴의 성장속도 2mm/100만 년이 옳은 것이라고 하자. 그렇다면 2mm/1000년의 퇴적속도에 문제가 없을까? 이 퇴적속도의 값은 어디까지나 심해저의 평균적인 퇴적속도이고, 퇴적물은 해저의 어디서나 한결같이 쌓여지는 것은 아니다. 어떤 곳은 퇴적이 없거나 또는 침식되는 일조차 일어난다. 망간단괴가 있는 해저는 무퇴적이거나 침식지역인 데는 없을까? 그것이 사실이라면 망간단괴가 매몰되지 않고 표면에 있는 것에도 이해가 간다. 과연 진실은 어떤 것일까?

망간단괴는 상어의 이빨이나 암석조각에 해수 속의 망간이나 철 등이 부착하여 성장한다. 각지에 있어서의 해수 속의 망간, 철, 니켈 등의 정확한 농도분포를 알 수 있으며, 그들 원소의 근원이 무엇인가 알 수 있다. 그러나 이들 원소의 해수 속의 농도는 측정하기 어려운 정도로 미량이다. 정확한 농도를 산출하기 위해서는 채수기(採水器)나 분석기술이 더 진보되지 않으면 안될 것이다.

그리고 이들 망간단괴의 성인을 둘러싸는 과학자의 노력과 어려움과는 별도로 개발권(開發權)을 둘러싼 치열한 싸움도 시작되고 있는데 곧 국제연합 해양법회의(海洋法會議)이다. 망간단괴가 있는 심해저는 국가의 관할권을 넘어선 국제 해저구역인데, 그런 만큼 이 구역의 자원개발을 둘러싼 선진국과 발전도상국과의 이해 대립이라는 어려운 문제가 생기고 있다.

14. 해저를 흐르는 진흙과 모래

해저연구가 처음 시작되었을 무렵에는 대양저(大洋底)는 부동(不動)의 것으로서 어떤 변화도 없다고 생각되고 있었다. 그러나 최근에 심해굴착에 의한 조사가 실시된 결과, 해저의 퇴적물 중에서도 가장 오래된 것이라도 1억 6천만 년쯤 전의 것이며, 지구사(地球史) 45억 년의 역사 속에서는 극히 최근의 것에 지나지 않는다는 사실이 확인되었다. 그렇다고 하더라도 이와 같은 해저로부터 굵은 입자가 얻어짐으로써, 이 기원을 둘러싸고 갖가지 억측과 관찰이 있어 왔다.

❖ 저탁류(底濁流)에 의한 퇴적

데일리는 스위스의 레만호 속에서 저탁류(turbidity current)에 의해 운반된 모래와 진흙이 있다는 것이 알려진 사실에서, 빙하기의 해수면이 낮아졌던 시기에는 자주 저탁류가 발생하여 심해저에 모래와 진흙을 퇴적시킨 것이라고 생각했다. 이 생각은 그 후 1929년에 알래스카 앞바다의 그랜드뱅스의 해저전선이 지진의 발생 후 연달아 절단된 것에 의해서 히젠(B. C. Hee-zen) 들에 의해 지지되었다.

그랜드뱅스에서는 지진의 진원 가까이에 있었던 해저전선이 일정한 시간을 두고 연달아 절단되었다. 이것은 해저전선이 지진 때문에 절단된 것이 아니라, 지진에 의해서 해저의 빗면에 일단 퇴적해 있던 퇴적물이 저탁류로 되어 그 흐름이 도중에 있는 해저전선을 절단한 것이라고 하는 견해이다.

그림 1은 저탁류가 흘러 내려간 범위와 전선의 위치관계를 가리키고 있다. 그 후 이 저탁류가 퇴적한 심해 평탄면(平坦面)

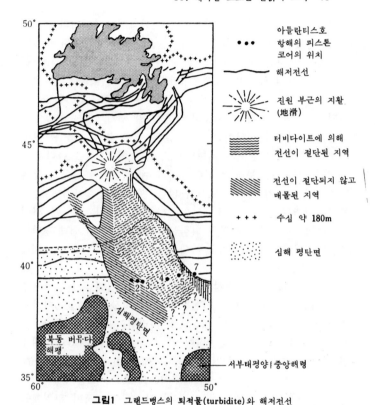

그림1 그랜드뱅스의 **퇴적물(turbidite)**와 해저전선

으로부터 몇 개의 피스톤코어(piston core)가 얻어졌는데, 이것
들이 모두 모래와 진흙의 반복으로 이루어진 호층(互層)으로서,
저탁류로부터 퇴적된 것임이 확인되었다.

❖ 심해 평탄면

심해 평탄면(平坦面)이란 대양저를 넓게 덮은 경사가 극히
완만한 퇴적면으로서 그 밑에는 퇴적물이 두껍게 쌓여 있다. 해
저 퇴적물의 구조는 배 위로부터 음파를 아래로 발사하여 그

음파가 퇴적물 속에서 반사되어 배로 되돌아오기까지의 시간을
연속적으로 기록함으로써 얻어진다. 그 중에서도 특히 주파수
3.5kHz 의 것은 해저의 미세한 지형과 표층 퇴적물의 구조를
아는데 쓸모가 있으며, 또 저주파수의 발음체(發音體)인 에어
건(air gun)을 사용하면 음파가 퇴적물 속 더욱 깊은 데까지 들
어가기 때문에 지하 깊은 곳의 구조를 알 수가 있다.

심해 평탄면에서 얻어진 이와 같은 음파 탐사 기록을 보면
희고 검은 가느다란 줄무늬모양으로 되어 있는 것을 안다. 이
와 같은 패턴으로부터 음파를 통하기 쉬운 진흙이 많은 부분과
음파가 통과하기 어려운 모래가 많은 부분이 번갈아가며 층을
형성하고 있는 것을 알 수 있다. 그 후의 자세한 연구에 의해
서 이것들이 저탁류에 의한 퇴적물(turbidite)이며 심해 평탄면
이 이들 터비다이트 퇴적물에 의해서 넓게 덮여져 있다는 것을
알았다.

혼(D.R.Horn)은 동태평양 북미 한복판의 심해 평탄면으로부
터 얻어진 피스톤코어 주상(柱狀)시료 퇴적물 속에 터비다이트
퇴적물이 있음을 발견했는데, 곳에 따라서는 태평양 한가운데
까지도 모래와 진흙이 운반되어 있다는 것을 알 수 있다. 제 I
권 - 11. 「태평양을 둘러싸는 해구」에서 설명했듯이, 육원(陸
源)의 거치른 퇴적물은 대개 해구저(海溝底)나 도중의 단구(段
丘 : bench)에 걸려 심해저에는 흘러들지 않지만, 북미 외양에는
해구가 없기 때문에 거치른 입자나 터비다이트가 태평양 한가
운데까지 흘러들고 있는 것이다.

❖ **터비다이트** (저탁류 퇴적물)

이와 같이 모래나 진흙, 경우에 따라서는 조약돌까지도 단
숨에 운반하는 흐름으로서 저탁류가 있다. 저탁류는 모래와 진
흙과 해수(경우에 따라서는 민물)로써 이루어지는 밀도가 매우 높
은 흐름이며, 그 속도가 매우 빠르다는 것이 알려져 있다. 또
이와 같은 흐름은 실내실험에 의해서도 만들어지고 있다.

터비다이트가 해저의 빗면이나 골짜기를 흘러 내려갈 때 그 덩어리는 뱀처럼 머리・동체・꼬리의 세 부분으로 되며, 그 형태나 크기는 터비다이트의 밀도 등에 따라서 달라진다. 해저 골짜기를 터비다이트가 내려갈 경우 골짜기 양쪽에 흘러 넘친 미세한 입자의 진흙이 자연적인 제방을 형성하는 일도 있다. 일본의 도야마만(富山灣)에 있는 도야마 심해장곡(深海長谷)은 히다(飛驒)나 다테야마(立山)연봉의 급한 비탈면을 내려간 빗물이 구로베(黑部)강을 흘러 내려가서 아이모토(愛本)를 정상으로 한 멋진 선상지(扇狀地)를 형성하고 있다. 선상지는 다시 도야마만 속으로까지 이어져 있고, 해저 골짜기를 통과해서 동해 속까지 이들의 모래와 진흙이 운반되고 있다.

또 사가미만(相模灣)에서는 단자와(丹澤)산지를 흘러 온 사카누이(酒匂)강이 도중에 선상지를 형성하지 않고 직접 사가미만 속으로 흘러들어 있다. 사가미만 안에는 몇 개나 되는 해저전선이 치닫고 있는데, 그랜드뱅스의 경우와 마찬가지로, 그 전선(cable)이 터비다이트에 의해 절단된 일이 있다. 그 때문에 해저전선의 루트 조사가 실시되어 지금은 터비다이트의 흐름길을 벗어난 곳에 부설되어 있다. 또 스루가만(駿河灣)에서도 후지(富士)강에서 운반된 모래와 진흙이, 놀랍게도 남해 트라프(trough : 舟狀海盆)를 통해서 시고쿠(四國) 외양까지 운반되고 있는 듯하다고 지적되고 있다.

터비다이트가 해저 골짜기나 빗면을 깎아 내려가는 작용이 있는지 어떤지는 여러 가지 논의가 있다. 이와 같은 터비다이트는 본래 얕은 바다에 일단 퇴적했던 퇴적물이 지나치게 축적되어 그 안전각도를 넘어 섰을 때, 사태가 일어나 흘러 내려가거나 또는 지진이 방아쇠가 되어 퇴적물이 흘러 내려가거나 하는 일이 있다.

❖ 도호와 화산섬의 모래와 진흙

도호(島弧)나 화산섬 주변에서는 해저의 퇴적물도 화산성(火

山性)인 것이 매우 많다. 도호에서는 자주 빗물을 함유한 화산
재 층이 저탁류나 토석류(土石流)가 되어 해저 골짜기로 흘러
내려가는 일이 있다. 화산섬 주변에서는 현무암질의 유리로 된
모래가 역시 터비다이트나 토석류가 되어서 화산체의 급사면을
흘러 내려가서 그 산기슭인 심해저에 다다르는 일이 있다.

화산섬의 지형은 화산체를 형성한 마그마의 점성(粘性)에 따
라서 결정되는데 일반적으로는 정상에 가까울수록 급사면이 되
는 것 같다. 이와 같은 빗면에 퇴적한 화산성 물질이 빗면을 흘
러내리면 화산바위 조각이나 화산유리만으로 형성되는 모래와
진흙이 퇴적한다. 또 화산섬은 흔히 그 주위에 아름다운 산호
초를 수반하는 일이 있다. 산호는 탄산염으로 이루어지며 그
근처에는 화폐석(貨幣石)이라고 불리는 탄산염껍질로 된 화석
이 많이 있는 일이 있다.

이와 같은 퇴적물이 흔히 석회질의 터비다이트로 되어 화산
체의 빗면을 치달아 내리는 수가 있다. 이와 같은 예는 대동해
령(大東海嶺) 근처나 자바해대(海台), 이즈(伊豆)·오가사와라
(小笠原) 해구계의 화산섬 근처에서 흔히 볼 수 있다.

❖ 모래 이야기

모래나 사암(砂岩)은 비교적 큰 입자와 미세한 기질(基質)로
서 이루어진다. 그리고 모래 속에는 광물이나 미세한 바위조
각이 함유되어 있다. 또 특수한 중광물(重鑛物)이나 생물의 유
해, 나무조각 등도 포함되어 있다. 해저의 모래나 육상에 분
포하는 사암의 각 구성물질의 관계로부터 그 모래나 사암이 어
떤 곳에서 운반되어 왔고, 어떤 곳에 퇴적한 것인가를 알 수
있다. 모래나 사암 속의 중광물의 종류나 양의 비율, 또 육원,
생물원, 화산원 물질의 양의 비율(量比)도 공급원을 추정하는
데 한 몫을 하고 있다. 모래나 사암 속에 함유되어 있는 바위
조각은 그 배후지(背後地)를 추정하는데 있어서 매우 중요한
정보를 제공해 주고 있다.

15. 고고학적 유물의 보고인 해저

❖ 수중 고고학의 탄생

유럽에서는 고대 그리스나 로마시대에 폭풍우를 만나 침몰한 배에 실려있던 당시의 접시, 찻잔, 항아리, 대리석상, 청동상 등이 지중해에서 해면(海綿)을 채취하는 다이버나 어부들의 어망을 통하여 이따금 인양되고 있다.

물 속은 육상과는 달리, 오랫동안 인간의 침입을 거부해 왔고, 최근에 이르기까지는 전혀 인류사회로부터는 격리된 세계였다. 인류의 조상이 육상에 남겨둔 고대의 유물이나 유구(遺構)는 거의가 인간 자신에 의해서 파괴되어 버렸지만, 물 속에서는 자연의 박물관으로서 당시의 유물이 고스란히 그대로의 모습을 지니고 보존되어 있다. 또 지구의 해면은 수백 년 동안 1 m의 비율로서 수만 년 동안에 계속 상승하고 있기 때문에, 지금부터 수천 년 전의 인류의 생활양식이 그대로의 상태로 바다 속에 묻혀 보존되고 있다.

고대 로마의 도시 폼페이는 베스비오화산의 분화로 말미암아 하루밤 사이에 용암과 화산재에 묻혀 버렸지만, 당시 사람들의 생활상태는 그대로 흙 속에 보존되어 있었다. 폼페이와 마찬가지로, 아니 어쩌면 해저에는 그 이상의 가치를 지닌 귀중한 고고학적 유물이 파괴되지 않고 고스란히 남겨져 있다. 물 속은 다행히도 인간의 침입을 방해하고 또 물 자신은 유물이나 유구를 장기간에 걸쳐서 보존하는 매체이기도 하다. 물 속은 자연이라고 하는 훌륭한 환경 제어기능을 가진 유물보존에 가장 적합한 박물관이다.

1943년 프랑스의 쿠스토우(J.Y.Cousteau)에 의해서 자급기

식(自給氣式) 잠수기(SCUBA, aqualung)가 실용화됨으로써 누구라도 손쉽게 바다 속으로 들어갈 수 있게 되었다. 그 결과 수천 년에 걸쳐 해저라는 자연박물관에 보존되어 있던 가치있는 고고학적 유물이 다이버에 의해 인양되어 개인 수집가나 고물상으로 흘러 나가게 되었다. 이들 국보급 고고물(考古物)이 손쉽게 인양되고, 때로는 국외로 반출되었기 때문에, 1950년 경에는 해저의 가치있는 고고학적 유물의 인위적인 파괴와 도굴을 방지하기 위한 조직이 프랑스에서 만들어졌다. 그리고 프랑스에서는 영토 내에 확인되어 있는 고대의 유물이나 유구(遺構)에 대한 지도가 작성되었다. 또 수중고고물을 조사, 연구하는 과학자와 연구소도 탄생했다.

수중 고고학(水中考古學)에서는 고대의 유물이나 유구를 과학적으로 물 속에서 조사한 후, 그대로 수중이라는 자연의 박

사진1 현재 마르세이유의 고대 로마시대의 조선소 자리의 박물관에 전시되고 있는 기원 1세기경의 고고물 (이들 고고물은 저자들이 1970~1974년에 걸쳐 프랑스정부의 인가 아래 마르세이유 외양에 가라앉았던 배의 수중발굴, 조사 때에 인양한 유물)

물관에 보존해 두느냐, 또는 육상으로 끌어 올려서 육상의 박물관에 보존하느냐를 결정한다. 이 일련의 과학적인 연구를 **수중 고고학**이라고 부르며, 불과 최근 30년쯤 전에 탄생한 새로운 과학이다. 수중 고고학은 범위가 넓은 학제적(學際的)인 과학으로서, 과거에 물 속으로 묻혀진 유물이나 유구 등의 물질적 자료를 토대로 연구하여, 인류의 문화, 생활양식, 역사 등을 밝혀내는 과학이다. 또 물 속의 가치있는 유물을 적극적으로 발견하거나, 발굴·조사를 하거나 하며, 발견한 자료를 기록하여 고증(考證)을 하고, 그 자료를 수복(修復), 보호, 보존하는 등의 일련의 연구활동도 한다.

수중 고고학을 연구하는 사람은 우선 물 속으로 잠수하는 기술을 익혀야 한다. 그리고 수중 사진촬영, 수중 측량, 수중 발굴, 수중 보존, 수중 공학 등의 기술을 더불어 갖추고 있어야 하는데, 무엇보다 먼저 수중 고고학에 흥미를 가져야만 한다. 그리고 올바른 고고학 지식을 지녀야 하며 또 물 속에서 자유로이 활동할 수 있기 위한 정확한 지식과 기술을 지니지 않으면 안 된다. 어떤 사람이라도 물 속으로 잠수하여 해저의 보물인 고고물을 정확한 지식도 없이 마구잡이로 발굴하거나, 인양하거나 할 수는 없다. 왜냐하면 인류 공통의 보물을 파괴하는 일과 관련되기 때문이다. 그때문에 선진국에서는 강제력을 지닌 법률의 힘으로서 수중 유물, 유구, 유적을 보호하고 있다.

❖ 해저에 숨겨진 보물의 발견과 보존

수중 고고학이 탄생한 얼마 후, 20세기 최대의 발견이라고 일컬어지는 고고물이 1964년 9월에 남 프랑스의 지중해 연안 아그드라는 동내 앞 수m의 해저에서 발견되었다. 수중 고고학자 퐁케르와 그 그룹에 의해서 기원 전 5세기경에 고대 그리스에서 만들어진 청동상이 발굴되었다.

「아그드의 청년」이라 일컫는 이 청동상(그림 2)은 고대 그리스의 군사교육을 받고 있는 청년의 모습을 나타낸 것임이 프

그림2 퐁케르와 그 그룹에 의해
발견된 「아그드의 청년」이
라 불리는 고대 그리스의
청동상. BC5세기의 작품
(파리 루브르박물관)

랑스의 고고학자에 의해서 확인되었다. 퐁케르와 그 그룹은
이 청동상을 발견한 후 뒷조사를, 수중 고고학의 방법에 따라
서 수중 작업으로 했다. 먼저 발견한 장소의 위치 측정, 조사,
측량, 발굴, 인양, 고증, 수복, 보존, 기록작성 등 수중 고고
학에서 사용되는 모든 기술을 구사했다.

현재 이 「아그드의 청년」이라고 불리는 청동상은 파리의 루
브르(Louvre)미술관의 정면 현관을 들어 선 바로 왼쪽 정면에
전시되어 있으며, 이것은 프랑스의 가장 귀중한 보물의 하나로
꼽히고 있다.

고대 그리스의 청동상은 그리스조각을 사랑했던 고대 로마인
들에 의해서 그 대부분이 약탈되고 반출되었는데, 그것도 나중
에는 녹여지고 다른 것으로 개조되거나 했기 때문에 육상으로
부터는 완전히 사라지고 말았다. 그러나 인류에게 다행했던 것
은, 당시 해로로 수송하던 도중 배가 폭풍우를 만나 조난, 침
몰하여 그대로 해저의 자연박물관에 보존된 일이다.

인류의 조상이 남겨 놓은 위대한 문화적 유산을 오늘날 우리가 볼 수 있는 것도 수중 고고학의 힘에 의한 것으로서, 새삼 우리를 감격케 하고 있다.

그러나 최근까지 한국에서의 수중 고고학은 아직껏 충분한 활동을 하지 못하고 있으며, 물 속에 묻힌 채로 있을 가치있는 유물이나 유구를 발견하는 방법, 그리고 그것을 발굴하여 보호할 조직, 조사, 연구자, 발견한 고고물을 인양하여 보존할 장소, 또 법적인 규제, 보호 등에 대해서는 매우 유감된 일이지만 거의 손을 대지 못하고 있다. 그러나 앞으로는 활발하게 발전해 나갈 과학분야라고 할 것이다.

16. 해저로부터의 물체 회수

1983년 9월 1일 미명, 대한항공(KAL)의 점보 제트여객기 007호가 사할린 상공에서 소련 공군기의 미사일공격으로 격추된 사건은 아직도 우리 기억에 생생하다.

비행기는 사할린 한바다에 떠 있는 모네론섬 앞 공해에 산산조각으로 흩어져 가라앉아 있다는 것이 미군 수색대에 의해서 확인되었다. 이 007호기가 왜 소련 영공으로 잘못 들어갔는지 그 원인을 추구하기 위해, 이 항공기에 실려있던 비행자동기록장치(flight recorder)의 회수작업을, 미군과 소련군이 각기 자기 나라의 위신을 걸고 계속하였다.

미군 당국은 심도 700m의 해저로부터 얻은 플라이트 레코더의 발신 음파로부터, 그것이 가라앉아 있는 곳의 상대위치를 파악했다고 발표했으나 기록장치는 회수하지 못한 것 같다.

그렇다면 어떤 방법으로 수중작업을 함으로써 이같은 깊은 해저에 가라앉은 물체를 회수할 수 있을까? 또 그것에 소요되는 비용이나 시간은? 이런 의문이 생길 것이다. 심해저로부터의 물체 회수작업은 15년쯤 전부터 여러 번 실시되고 있는데, 이와 같은 과거의 사례에서 실시된 수중작업을 돌이켜보면서 이 의문에 대한 해답을 함께 찾아보기로 하자.

❖ 해저로부터의 수폭 인양

1966년 1월 17일 아침, 지중해에 면한 스페인 남부의 한 작은 마을 파로마레스 상공에서, 미국 공군의 B 52 전략폭격기와 KC-135 공중 급유기가 공중 충돌을 하여 비행기가 폭발하며 불길에 휩싸였다. 이 때 B 52 전략폭격기에 실려 있던 수소폭탄 4개도 함께 날아가 행방불명이 되었다. 이 잃어버린 수폭을 탐색하기 위해 미국의 육·해·공 3군은 사상 최대의 작전을 폈다.

탐색을 시작한지 44일째인 3월 2일, 미군은 그 때까지 탐색한 상황에 대한 조사결과를 발표했는데, 그것에 따르면 수폭 4개 중 3개는 기폭제로 사용되는 TNT화약의 폭발로 말미암아 핵물질이 사방으로 흩어졌으나, 나머지 1개는 여전히 행방 불명이라는 것이었다. 사고 당일, 때마침 파로마레스에서 2km의 바다 속에 낙하산에 매달린 수폭이 낙하하는 광경을 목격했다는 어부의 증언 아래, 최신 수중 탐색기를 사용하여 바다 속을 탐색했었지만, 시간만 헛되이 흘러갈 뿐 목적하는 물체는 발견할 수 없었다.

겨우 3월 15일이 되어서야 수심 770m의 해저에서, 더구나 해수의 투명도가 3m 이내라는 극히 나쁜 조건 아래서, 유인 대기압(有人大氣壓)잠수선 앨빈호에 의해, 탐색 개시 57일만에 행방 불명의 수폭을 발견했다. 앨빈호는 이 수폭의 소재지점을 놓치지 않으려고, 자매정 알루미노트호가 트랜스폰더(transponder)를 가지고 잠항해 오기까지 몇 시간이나 가만히 그 자리에 기다리고 있었다. 트랜스폰더란 수중에서 어떤 특정 주파수를 수신하면 그것과는 다른 주파수의 음파를 발진(發振)하는 장치로서, 이 트랜스폰더 항법(航法)의 시스팀에 의해서, 해저에 있는 물체의 상대위치를 신속히 포착하고서는. 마치 바다 속에 새로이 만들어진 하나의 길을 따라 가듯이, 해저의 목적 장소로 쉽게 찾아갈 수 있게 된다.

앨빈호에는 모선과 알루미노트호에 자신의 위치를 알려주는 FM주사형(走査型) 음파발진기가 장치되어 있었는데, 알루미노트호가 해저에서 수폭을 감시하고 있는 앨빈호를 발견하는 데는 당시의 기술로 1시간 이상이나 걸려야 했다.

여러 모로 조사한 결과, 연한 진흙에 묻혀 있는 수폭과 낙하선의 무게로 추산하여 이것을 인양하는 데는 로프가 1.3톤

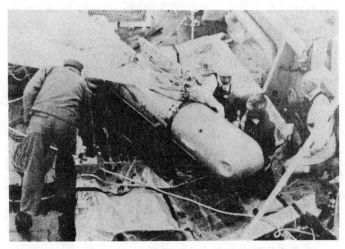

사진 1   1966년 4월 7일에 심도 770m의 해저에서 회수된 수폭의 본체와 파라슈트

의 장력(張力)을 가져야 한다는 것을 알았다. 그래서 이것을 회수하기 위해 특별히 개조한 무인 잠수기 커브호를 투입하게 되었다. 이 커브호의 로프는 7톤 이상의 것도 인양할 수 있는 능력을 가지고 있었다. 그러나 막상 회수작업에 들어간 순간 뜻밖의 참사가 일어났다. 커브호의 나일론 로프가 끊어져 버린 것이다. 그리고 수폭은 전보다 더 깊은 해면으로 가라앉아 버렸다.

해저의 수폭에 장치되어 있는 트랜스폰더에 의지하여 다시 수색이 시작되고, 이것을 회수하는 데는 더 많은 시간이 소비되었는데 4월 7일에야 가까스로 배 위로 끌어 올리는데 성공했다. 수폭이 해저에 가라앉고부터 회수되기까지 실로 79일 22시간 23분이 소요되었다. 해저에서 수폭을 탐사, 탐색, 식별, 조사 확인하기까지에만 실로 57일(70%)을 소비했고, 회수에 23일간(30%)이 소요되었다. 또 회수에 든 총비용은 당시의 돈으로 5천만 불 이상이었다고 한다.

한편, ┌이 사고가 있었던 1966년과 현재의 수중작업 기술을 비교해 보면, 원리적으로 달라진 것은 거의 없으나, 현재는 측정기의 정밀도와 시스팀의 신뢰성이 비약적으로 향상되어 있다.

❖ 심도 3000m에서의 잠수함 인양

미국은 이 수소폭탄의 회수로 얻은 수중작업기술과 지식을 더욱 발전시킬 기회를 얻었다. 미군은 1968년, 인공위성에 의한 탐사시스팀에 의해 소련의 하바로프스크를' 출항한 잠수함 (2,350톤)이 하와이와 미드웨이섬의 중간지점(심도 3000m)에서 함내의 폭발사고로 침몰하고 있는 사실을 포착했다. 그리고 이 탐사결과를 상세히 조사하여 이 잠수함이 침몰한 절대위치를 확인할 수 있었다.

1970년에 미국 해군의 해양조사선 마이저호가 이 해역을 더 정밀하게 **탐사**(깊숙이 더듬어 가서 샅샅이 조사하는 일련의 작업)하고, 그 결과를 바탕으로 **탐색**(목적하는 물체를 찾아내는 일)했더니, 해저에서 발견된 것이 틀림없는 소련 잠수함이라는 것을 **식별**(목적 물체인 것을 알아내고 증명하는 일)했다. 그리고 이것을 인양하기 위한 **조사**(그 물체에 대해 명확히 하기 위한 측량 등을 하여 조사하는 일)했다.

미국정부는 이 잠수함을 인양하기 위해 장·단점을 신중히 검토한 결과, 미 해군과 CIA에서 인양계획을 추진하기로 하고, 실업가인 하워드 휴즈(H.R.Hughes)에게 인양을 위한 수중 작업을 의뢰했다. 물론 이 계획은 극비리에 진행되었다.

그는 이 인양계획을 제니퍼작전이라고 명명하고 1970년에 발족시켰다. 그리고 잠수함을 인양할 특수선(글로마 익스플로러호: 36,000톤)의 설계, 건조를 1971년 5월에 시작했다. 이 배는 길이가 188m나 되고 5,500톤까지의 물체를 인양할 수 있는 유압형(油壓型) 윈치(winch)를 특별히 싣고 있었다. 1974년 5월, 이 글로마 익스플로러호가 완성되어 동년 7월 4일 하와이

외양의 수중작업 현장에 도착했다. 그리고 1개월간의 인양작업 끝에 잠수함의 인양에 성공했다.

이 인양작업에 대해서 미국정부는 아직껏 아무런 공식발표를 하지 않고 있으나, 제니퍼작전에 종사한 사람, CIA, 프랑스 군은 비공식이나마 이것을 인정하고 있다. 그리고 이 때에 개발된 수중작업기술이 현재의 산업계에 크게 활용되고 있다. 이 소련 잠수함의 인양에는 7년간이 걸렸고 총비용은 당시 돈으로 6억 불이 훨씬 넘어 들었다고 한다. 그러나 그보다 더 큰 가치있는 정보와 수중작업에 관한 지식과 기술이 이 때에 확립되었다고 한다.

❖ 스탈린의 금괴 회수

1981년 9월, 영국의 프로 다이버인 제소프라는 사람 (48세) 은, 북극해의 수심 240m 해저에 있는 침몰선으로부터 환경압 잠수(環境壓潛水)에 의해 5톤의 금괴를 인양하는데 성공했다.

1942년 5월 2일, 영국 해군의 에든버라호는 소련의 부동항 (不凍港) 무르만스크(Murmansk)로부터 10.5톤의 금괴를 싣고 이른 아침에 출항했는데, 120해리 까지 항해한 곳에서 독일군 U보트의 뇌격(雷擊)을 받고 격몰되었다. 제소프는 이 침몰선 으로부터 금괴를 인양하기 위해 10여 년을 소비하여, 당시의 자료를 조사하고 수중 작업계획을 세웠다. 그리하여 1979년에 금괴를 회수하기 위한 필요한 서류를 갖추어 영국과 소련으로 부터 인양허가증을 받아내고, 한편으로는 침몰 당시 에든버라 호의 절대위치를 항해일지 등을 토대로 찾아내면서 인양을 위한 막대한 운용자금을 조달했다.

1979년 10월부터 11월에 걸쳐, 침몰한 에든버라호의 장소를 탐색했으나 이 때는 전혀 실마리를 잡지 못했다. 1981년 5월에 다시 에든버라호의 해저의 상대위치를 찾아내기 위해 최신식 해저조사선과 해저탐색기기를 투입하여 에든버라호의 탐사, 탐색, 식별, 조사를 실시했다. 그 결과 겨우 5월 16일에야 상대위치를 발견할 수 있었고 수중카메라에 의한 확인결과, 틀림없는 에든버라호임을 확인했다.

계속하여 더욱 세밀하게 금괴인양을 위한 조사를 한 후 1981년 9월 3일, 드디어 금괴를 인양하기 위한 스테판탐호라는 잠수지원선(해저 유전의 수중작업에 사용하는 배를 빌렸다)을 투입하여, 심도 240m에 있는 에든버라호의 선실로 들어가기 위한 포화잠수(飽和潜水)에 의한 수중작업이 다이버에 의해서 연일 계속되었다.

9월 16일, 마침내 27번째의 수중작업에 이르러서야 첫 번째 금괴가 인양되었다. 이후 연달아 인양된 금괴는 모두 431개에 달했으나 10월 7일, 다이버의 극도의 피로와 북극해 특유의 폭풍우가 몰아치는 계절로 접어들어 수중작업은 이듬해 봄까지 중단되었다.

이 수중작업은 해저유전 개발의 기술을 응용하여 성공한 두드러진 예이다.

❖ 해저로부터 물체를 회수하는 어려움

최근 15년 동안에 실시된 해저로부터의 물체회수나 인양에 대해서 세 가지 수중작업의 내용을 위에서 든 세 가지 예로써 설명했다. 어느 수중작업에서도 공통점이 있었고, 이 점에 바탕한 회수작업만이 성공을 거두었다. 이 점이란, 그 수중작업과 작업의 목적에 걸맞는 잠수방법이 선택되었다는 점이다. 해저에서 목적하는 작업을 수행하기 위해서는 그 작업현장에 적응하는 해중작업 시스팀을 도입하지 않고서는 목적이 달성될 수 없는 것이다. 그 때문에 목적하는 수중작업 중 탐사, 탐색, 식별, 조사에 「사람과 시간과 비용」의 70 % 이상을 투입하게 된다. 이것을 무시한 수중작업은 모두 성공하지 못했다.

심해저의 이미지는, 사막 가운데서 더구나 짙은 안개가 깔린 캄캄한 밤 길을 가는 것과 같은 환경이다. 또 해저는 해류 때문에 하루밤 사이에도 변화하는 일이 있다. KAL의 점보 제트

기의 비행 자동 기록장치도 수심 700m의 캄캄한 해저에서, 그
것도 조명등을 사용해도 투명도가 제로에 가까운 곳에 있는 것
으로 생각된다. 일부는 해류 때문에 이미 모래 속에 묻혀 있을
지도 모른다. 해저의 플라이트 레코더를 회수하기 위한 수중작
업은 마치 별이 없는 캄캄한 밤 중에, 그것도 짙은 안개가 깔
려 있는 길조차 없는 곳을, 인공조명으로 겨우 3m 앞이 보일
까 말까하는 상황 속에서 어디에 있을지도 모를 물체를 사막
속에서 찾고 있는 것과도 같다.

이 플라이트 레코더는 다음과 같은 절차로 회수가 가능해진
다. 먼저 점보 제트기가 가라앉은 장소를 탐사한다. 이것은 시
빔(sea beam)이나 사이드 스켄 소나(side scan sonar)에 의해서
해저지도를 만드는 셈이 된다. 그 해저지도를 토대로 탐색해
역을 설정하고 한 구획, 한 구획씩을 세밀히 조사해 나간다. 이
것에는 인간이 직접 보는 대기압 유인(有人)잠수선이나 TV카
메라에 의한 무인 잠수기가 투입된다. 그리고 만약 플라이트
레코더 비슷한 것이 눈으로 인정되면, 트랜스폰더나 핑거(pin-
ger)를 물체에 장착한다. 그렇게 함으로써 해저의 물체가 플
라이트 레코더인지 아닌지의 식별을 전문가가 할 수 있게 된다.

식별이 끝나면 다음에는 회수 가능성을 조사한다. 회수가 가
능하다고 판단되면, 회수를 위한 샐비지선의 용선계약, 윈치류
의 탑재, 인양을 위한 연장이 설계, 제조되어 작업현장으로 수
송된다. 그리고 수중에서의 회수작업이 시작된다.

1983년 11월, 미군은 플라이트 레코더의 회수작업을 중단
했다. 약 3개월에 걸쳐 실시된 이 회수작업에 투여된 총비용
은 당시의 한국돈으로 환산하여 약 400억 원 이상에 달했다고
한다. 이른 시기에 이 플라이트 레코더를 회수하려 했고, 또
이같이 방대한 비용과 많은 인원, 숱한 기계를 투입했지만 성
과를 거두지는 못했다.

심해저는 죽음의 세계가 아니다. 해저는 날마다 많은 변화를
보이면서 살아있는 것이다. 인류는 과학과 기술의 힘에 의하여

자연을 천천히이긴 하지만 제어(制御)할 수 있게 되어 왔다. 그러나 심해저에 관해서는 이제 겨우 손을 댄 단계에 불과하다. 외부의 우주와는 달리 내부우주라고 불리는 바다 속에서 인간이 이용할 수 있는 것은 현재로서는 부력(浮力)뿐이다. 그 때문에 인간이 육상과 마찬가지로 바다 속도 제어할 수 있게 되려면 아직도 극복해야 할 숱한 과제가 있다.

17. 해저의 청소꾼

❖ 만약에 청소꾼이 없다면

호랑이나 표범 등의 육식짐승이 얼룩말이나 양 등의 초식짐승을 습격하여 그것을 뜯어먹고 남은 찌꺼기나 시체를 콘도르나 하이에나가 말끔히 치워준다는 것은 잘 알려진 일이다. 또 곤충에 흥미가 많은 사람은 쇠똥구리나 쇠똥풍뎅이가 소나 말의 배설물을 먹고, 지표(地表)의 청소에 크게 이바지하고 있다는 것도 알고 있다. 생물의 사체나 배설물 등을 먹는 동물을 「부식(腐食)동물」이라고 부르는데, 통속적인 말로는 「청소꾼(scavenger)」이라고 한다.

만일 이들 청소꾼이 없다면 어떻게 될까? 인간의 입장에서 말한다면 사체나 배설물이 사방에 흩어져 있어 위생적이 못된다. 그러나 곰곰히 생각해 보면 구더기가 일고, 미생물이 번식하여 부패해 가는 것도 실은 유기물(有機物)을 분해하여 사체나 배설물을 흙으로 되돌려 놓는 청소과정이라고 할 수 있다. 그렇다면 미생물을 포함하여 분해자(分解者)나 청소꾼이 없다고 한다면 어떻게 될까? 동물의 사체나 배설물은 이미 부패하는 일은 없을 것이다. 또 낙엽이나 말라 죽은 나무도 바람이나 물의 흐름에 실려가지 않으면 자꾸 쌓이기만 할 것이다.

그러나 이것만으로는 끝나지 않는다. 멀지 않아 지구에는 생명체의 생존에 필요한 물질이 부족하게 되는 위기가 찾아온다. 왜냐하면 생물체에 섭취된 물질은 배설물이건, 신체 자체이건, 언젠가는 분해되어 다시 자연으로 되돌려지고, 순환되지 않으면 안 된다. 지구라고 하는 배는 물질적으로는 폐쇄된 계(系)이므로, 생명활동에 필요한 원소는 이 속에서 순환하면서 수

지결산이 이루어져야 하는 것이다.

❖ 식성과 먹이사슬

저마다의 동물이 수행하는 사회적 역할이나 지위는, 먹이의 섭취방법이나 반대로 무엇에 의해 먹혀지느냐는 것으로서 파악되는데, 이 방법은 육상이건 해상이건 마찬가지로 적용된다. 식물 플랑크톤이나 얕은 바다에서 나는 해조(海藻)와 해초는, 태양에너지를 받아 광합성에 의해서 이산화탄소나 그 밖의 물질로부터 유기물을 생산하기 때문에 "생산자(生產者)"라고 불린다. 미소한 식물 플랑크톤을 먹는 요각류·크릴 등의 갑각류나 감태 등의 해조를 먹는 전복, 소라, 섬게 등은 "식식(植食)동물"로 불리거나, 생산자인 식물을 직접 먹는다고 하여 "제1차 소비자"라고 부르는 때도 있다.

살아있는 동물을 먹이로 하여 포식(捕食)하는 것이 육식(肉食)동물이고, 가다랭이나 방어가 정어리떼를 습격하고, 불가사리의 일종에는 위(胃)를 반전시켜 몸 밖으로 내밀어 조초(造礁)산호를 소화액으로 녹여 먹는 것이 있고, 심해어가 자기 몸만한 크기의 물고기를 통채로 삼켜 먹는 방법은 말할 나위도 없으며, 미시적으로 보면 작은 산호벌레가 플랑크톤성(性) 소형 갑각류를 잡아먹는 것도 훌륭한 육식이라 할 수 있다.

이와 같이 바다 속에는 갖가지로 먹이를 취하는 동물을 볼 수 있는데, 도식적(圖式的)으로 말하면 미소한 식물 플랑크톤은 소형 동물 플랑크톤에게, 소형 동물 플랑크톤은 작은 물고기에게, 작은 물고기는 대형 어류나 해조(海鳥)에게, 대형 어류는 다시 상어 등에 잡아먹히듯이, 사슬이 이어진 것처럼 서로 「먹고, 먹히는」 관계에 있기 때문에 이 관계를 "먹이사슬(食物連鎖)"이라고 부른다. 실제로 이 관계를 자세히 관찰하면, 결코 단순한 연쇄가 아니라 사슬은 도처에서 복잡하게 서로 얽혀지기 때문에 「식물그물(食物網)」이라고 부르는 편이 정확한 표현이라 생각된다.

여기서 되도록 단순화하여 먹이관계를 통하여 생물사회의 조성(組成)을 고려하고, 또한 먹이사슬의 각각의 단계에 속하는 생물의 양까지 고려한다면, 우선 저변을 차지하는 생산자가 가장 많고, 다음이 그것을 잡아먹는 제1차 소비자, 즉 식식동물이 많고, 제2차, 제3차로 단계가 올라갈 때마다 생물량이 감소하며, 전체적으로는 피라미드형으로 된다. 그리고 이 먹이그물과 그 양적 관계는, 어떤 동물이 어떤 원인으로서 증가하기 시작하면, 이것을 잡아먹는 동물이 불어나 그 증가를 억제하는 식으로 「동적 평형(動的 平衡)」의 메커니즘을 지녔으며, 거시적으로는 매우 안정되어 있는 것이다(다만 이것은 인간에 의한 두드러진 영향이 없을 경우의 이야기이다).

❖ 해저의 청소꾼

영국의 생태학자 엘턴(C. S. Elton)이 그린 먹이 피라미드와 먹이그물의 이야기를 단순화하여 소개할 경우, 빠뜨리기 쉬운 문제가 있는데, 이것은 생물의 시체와 배설물의 행방이다. 특히 태양광선을 받아 식물이 유기물을 생산하는 유광층(有光層: 바다 표면으로부터 고작 150m쯤)보다 깊은 바다의 해저생물의 생활을 연구해 보면, 표층이나 중간층의 생물의 시체나 배설물 또는 물 속을 떠돌아 다니는 유기부유입자(有機浮遊粒子)가, 해저로 낙하하거나 내리쌓이는 몫이 해저생물의 에너지원으로서 상대적으로 큰 비중을 차지하고 있다는 사실이 판명되었다.

작은 생물의 사체나 배설물은 입자로서 낙하하여 해저 표면에 눈처럼 내리쌓여 해삼이나 개불의 먹이가 된다(이것에 대해서는 19. 「해삼이 말하는 해저의 세계」 참조). 한편 큰 생물의 시체처리를 떠맡는 청소꾼도 심해저에 많이 기다리고 있다.

육식 중에서도 「부육식성(腐肉食性)」이라 하여 죽은 것의 고기를 즐겨 먹는 것이 청소꾼을 구성하는 동물의 대부분을 차지하고 있다. 좁쌀무늬고동이나 수랑 등의 나사조개는, 얕은 바다에서 볼 수 있는 전형적인 부육식성 동물로서, 평소에는 모

래나 진흙 속에 숨어 있으면서 껍질 끝으로부터 길쭉한 수관
(水管)을 모래진흙의 표층으로 내밀고 있다가, 물고기 등이
죽으면 재빠르게 냄새를 맡아 수관을 흔들면서 떼를 지어 시체
로 모여든다.

수백m에서 수천m의 심해에 있는 부육식성 동물의 대표는
등각류(等脚類 : 바닷가에서 볼 수 있는 뱃장나무벌레)나 단각류(端脚類 :
해안에 밀려온 해조 밑에 있고, 벼룩처럼 뛰어 오르는 무리)와 같은 갑각
류일 것이다. 역시 부육식성 동물로서 인간의 먹이가 되는 물
레고둥을 잡기 위해, 심해저에 생선의 살고기 등을 담아 설치
한 조개바구니에는 이들 나사조개와 함께 등각류와 단각류(端
脚類)가 많이 잡힌다.

심해저의 청소꾼에는 대형 어류도 있음을 잊어서는 안 된다.
그들은 물론 소형 동물을 잡아먹는 포식성(捕食性) 육식동물이
기도 하지만, 심해라고 하는 냉엄한 먹이환경에서는 이용할 수
있는 모든 기회를 놓치지 않는 것이 중요하며, 떨어져 내린 생
물의 사체도 예외일 수는 없다. 이런 식성을 특히「잡동사니꾼
(generalizer)」이라고 부르는 수도 있다.

이들 청소꾼의 심해에서의 생활에 대해서도 최근에는 흥미로
운 방법으로 연구가 진행되어 중요한 지식이 늘어나고 있다.
이것에 대해서는 제 Ⅳ권 - 17.「해저 6000 m의 낚시」에서 언
급하기로 한다.

18. 사진으로 잡는 해저생물

❖ 사진으로 촬영, 그물로 채집

멋진 경치를 만났을 때, 희한한 현상을 발견했을 때 또는 재빠르게 전체를 기록하고 싶을 때, 우리는 대개 사진을 활용한다. 광학계(光學系)에서 은염(銀鹽)필름에다 상(像)을 옮기는 「사진을 찍는다」는 작업은 순식간에 방대한 정보를 베끼는 일인데, 생각해 보면 매우 기묘한 과정이다. 결코 상대물체(진실된 것)를 잡는 것이 아니라, 좀 딱딱한 말로 표현한다면, 시간좌표를 동결시켜 공간관계를 2차원의 평면으로 고정, 보존하고 있는 것에 지나지 않다는 것이 된다. 또 한 가지 주의해야 할 일은 이 전사(轉寫)와 고정은 어디까지나 물리·화학적 과정이지, 베껴져 있는 사진으로부터 의미있는 정보를 끌어내는 것은 인간의 활동이라는 점이다.

다 같이 「잡는다」는 것에서도 포충망으로 나비를 잡는다, 트롤로서 심해의 생물을 잡는 일은 사진촬영과는 매우 다르다. 그물로 목적하는 생물을 잡는 것은, 대상물만을 추출 또는 농축하는 일이고, 이 채집방법은 필연적으로 물체와 환경과의 공간관계를 파괴하므로써 그 목적을 달성하고 있다.

당연한 일이 아니냐고 말할지 모르나 「갈대줄기의 고갱이로 천정을 들여다 보는」 방법밖에 허용되지 않는 심해의 생물생태학(生物生態學)에서는, 이 차이의 인식이 매우 중요하며, 서로가 각 방식의 장·단점을 보완해 가지 않으면 안 된다.

❖ 심해용 수중 카메라

잠수가 아직 일반화되지 못했던 무렵, 한정된 잠수시간 내에 수중 경치를 다른 사람에게 정확히 전달하기 위해 사진을 사용하는 발상이 생긴 것은 당연한 일이었을 것이다. 이미 19세기말에 프랑스의 루이 부탕이 수중촬영에 성공하여 세상 사람들의 갈채를 받았지만, 부족한 광량을 보충하기 위해 유리로 만든 파인더 속에서 마그네슘가루를 연소시켜 이 빛을 물 속으로 이끌었었다고 하니까, 얼마나 위험한 작업이었을까?

그 후, 수중카메라는 인간의 잠강(潛降)능력을 넘어선 심해를 관찰하는 기재로 발전하여, 제2차 세계대전 후에 실용화되어 오늘날에는 해구저(海溝底)에서도 질이 좋은 사진을 찍을 수 있는 자동카메라로 완성되었다(사진1). 수압에 충분히 견뎌낼 수 있는 튼튼한 금속성 용기에 넣고, 역시 두꺼운 유리창 뒤에 넣어둔 카메라는 스트로보를 광원으로 하여 대량 촬영을 할 수 있게 설계되어 있다.

촬영방법도 여러 가지로 연구·개발되었고, 썰매 위에 장치하여 해저 위를 일정한 거리에서 촬영하는 방법, 카메라를 배에서부터 와이어 로프로 매달고, 다시 그 카메라로부터 끈으로

사진 1 12,000m까지의 내압성능이 있는 심해카메라(600장의 연속촬영 가능. 오른쪽 2개의 통이 카메라이고 왼쪽의 갓이 달린 통이 스트로보)

매달린 추가 해저에 닿는 순간 셔터와 스트로보가 작동하게 한 방식, 생물이 미끼를 문 순간에 촬영하는 방법 등, 갖가지 방법이 있다.

또 해저의 생물에는 거의 영향을 끼치지 않으면서 자연상태를 관찰하고 싶을 경우에는 다음과 같은 방법으로 촬영한다. 먼저 와이어로 매단 카메라를 해저 바로 위에 있도록 유지한다. 이 때 음향발신기를 카메라틀에 부착하여, 음향레이다로 카메라와 해저 사이의 거리를 측정하면서, 매어단 와이어를 상하로 조절한다. 그리고 수중 보정(補正)렌즈를 사용하여 공기와 물의 계면(界面)에서 일어나는 화상의 일그러짐을 바로 잡고, 강력한 스트로보로 수중에서의 빛의 감쇠를 보충하여 양질의 사진을 얻도록 노력하는데, 실용적으로 말하면 촬영거리는 0.5～5 m 정도이므로, 한장의 사진에 의해 전망할 수 있는 범위는 도화지만한 크기서부터 세 평 정도로 어림된다. 이 정도의 너비는 해저 전체로 본다면 아주 작은 하나의 점에 불과하기 때문에, 사진에 의한 조사는 오히려 미시적(微視的)인 규모의 정밀한 연구에 적합하다 할 것이다.

❖ 사진의 위력

심해의 대형 생물의 연구는 1872년에 출항한 챌린저호의 세계 주항(周航) 탐험항해 이래 트롤 채집에 의해서 실시되어 왔다. 이 때까지 많은 연구자들에 의해 생물의 종류와 신체구조가 잘 조사되기는 했으나, 이들 심해생물의 생활에 대해서는 죽은 표본에 의존하여 추측하거나, 얕은 바다에 사는 비슷한 동물로부터 유추(類推)하는 외에는 방법이 없었다. 그러나 지금은 많은 사진과 때로는 잠수정에 의한 관찰보고로부터 심해생물의 생생한 모습을 알 수 있게 되었다.

사진의 첫째 장점은 환경과 더불어 생물의 있는 그대로의 생생한 모습을 기록해 주는 일일 것이다. 다행히도 대부분의 심해생물은 스트로보의 광선에 의한 영향을 받지 않는다(차라리 빛

사진2 심해성 갯지렁이(해저에 나선과 굴곡된 부분으로 이루어지는 특징적인 분
(糞)을 남기고 있다. 일본 산리꾸 외양 6,300m)

에 대한 반응방법을 모르는 것이라고 말해야 할지 모른다). 따라서 사진
으로 엿볼 수 있는 생물의 행동은, 자연의 모습 그대로라고 해
석된다. 생물에 접촉하지 않고서 기록하는 셈이므로 지극히 섬
세하여 채집하려 들면 파손되거나 수축해 버리는 생물도, 사진
이라면 그대로 다룰 수가 있다. 사진 2 는 로포엔테로페니스트
라 불리는 갯지렁이의 무리로, 나선모양으로 해저 표면의 유기
물을 잡아먹고, 기어간 자국에 배설물을 남기는 동물로서 유명
하나, 너무도 몸이 취약하여 트롤로서는 아직껏 확인하지 못하
고 있다.

　사진은 현장의 기록이기 때문에 생물의 생활공간이나 생활방
법을 확인할 수 있다. 예컨대 새우나 물고기가 저인망 트롤로
채집되었다 하더라도, 그물이 해저 사이를 왕복하는 동안에 중
간층에서 채집되었을는지 모른다는 의문이 항상 남아 있었는
데, 사진에 의한 조사로서 서식 심도와 생태에 대한 확실한 결
론이 얻어진 예도 많다. 또 생물이 떼를 이루고 있느냐, 단독
으로 살고 있느냐고 하는 문제나 공생(共生)과 기생(寄生)관계,

때로는 「먹고 먹히는」 관계도 밝혀준다. 해저에 접촉하지 않게 조작만 잘 한다면 트롤 등으로는 할 수 없는 바위가 많은 지역의 관찰도 가능한 것이 카메라기법의 매력의 하나이기도 하다.

❖ 보이지 않는 것을 사진으로 판독

사진은 공간을 흐뜨리지 않고서 기록한다는 특징을 지녔다고 말했다. 그물로 채집하려 들면 도망쳐 버리는 새우나 물고기도, 바위에 달라붙는 말미잘도 사진이라면 「채집」이 가능하다. 즉 사진으로서 그물보다 훨씬 정확하게 생물의 밀도를 조사할 수 있다. 또 미리 트롤로 채집해 둔 표본으로, 각종 동물의 체장과 체중의 관계식을 통계적으로 구해 두면, 항공사진으로부터 지상측량을 하는 것과 같은 원리로써, 동물의 크기를 사진으로 재어 체중까지도 예측할 수가 있다. 이렇게 하면 단위면적당 서식하는 모든 생물의 중량〔「현존량」(現存量)이라고 부르고, 생태학에서는 매우 중요한 지수(指數)이다〕을 계산할 수 있다. 즉 사진으로부터 「무게」를 판독할 수 있는 것이다.

다음에는 해저에다 카메라를 고정시켜 두고 일정한 시간 간격으로 촬영해 보기로 하자. 같은 동물이 계속하여 촬영되었다면 동물이 운동한 「속도」를 판독할 수가 있다. 만약 그 동물이 거의 헤엄을 치지 못하는 플랑크톤이라면, 해저 부근의 물의 「유속」에 대한 측정이 가능하다. 해저 표면에 물결모양의 무늬(ripple mark)가 있으면 「유향(流向)」도 읽을 수가 있고, 또 많은 생물이 흐름에 대해서 신체를 일정한 방향으로 유지하는 성질을 이용한다면 물결무늬보다 더 민감하게 유향이나 유속을 검지할 수 있다(사진 3).

❖ 카메라와 TV 및 잠수정

물 속을 관찰하는 현대적 도구로서는 이 밖에도 수중 TV와 유인 잠수정이 있다. 물론 그 위력과 이용가치는 충분히 평가

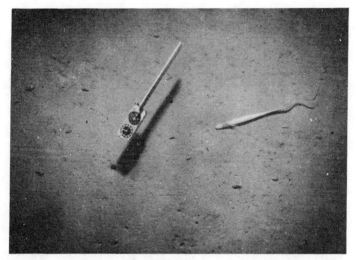

사진3 심해어 바닥보리멸은 흐름으로 머리를 돌리고, 소해삼(작은 타원형 생물)
은 일제히 우로 향해 흐름을 뒤에서부터 받는다(스루가만 1,700m)

해야 할 만한 것이지만, 굳이 다음과 같은 역설(逆說)을 지적
해 두기로 한다.

TV는 실제 시간으로 연속적인 화상을 볼 수 있기는 하지만,
정보가 과다하여 과학적 처리가 따라가지 못하고 「정보공해」
에 시달리는 일이 많은 것 같다. 또 잠수정으로부터의 관찰은
자칫하면 관찰자의 주관에 의해서 과장되기 쉽다. 어느 경우에
도 스틸 카메라와 병용한 경우에 그 위력이 발휘되는 것이며
중요한 과학적 정보를 많이 가져다 주고 있다.

19. 해삼이 말하는 해저의 세계

❖ 해저의 신선 ── 해삼

지구 표면의 약 7 할을 차지하는 바다의 해저를 가장 남김없이 이용하고 있는 대형 생물이 해삼이라고 해도 과언이 아닐 것이다. 지상으로는 결코 올라오는 일이 없으나, 열대에서 한대, 또는 극지방까지 위도를 가리지 않으며, 수심은 해안선 바로 밑에서부터 11,000 m의 해구 내의 초심해(超深海)까지, 해삼이 살지 않는 해저라고는 없다. 얕은 바다에서는 화려한 어패류나 경치에 가리어 눈에 크게 띄는 일이 없지만, 뭍에서 멀리 떨어진 태평양, 인도양, 대서양의 중앙부 대양저(大洋底;평균수심 3,800 m, 전세계의 해표면적의 79%)나 해구 속은 그야말로 해삼의 천하라고 볼 수 있다.

다른 동물이 영양부족으로 극히 작은 밀도로 밖에는 살지 못하는 세계에서, 해삼은 어떻게 하여 이렇게도 많은 종류수, 개체수, 중량을 유지할 수 있을까? 그들은 결코 미식(美食)이나 육식은 하지 않는다. 어떤 것은 나무가지모양(樹枝狀)으로 벌린 더듬이(觸手)로 안개처럼 떠돌아다니는 수중 유기부유물(有機浮遊物)을 포착하고, 또 어떤 것은 손바닥모양(掌狀)으로 펼쳐진 더듬이로 해저 표층에 엷게 쌓인 새로운 퇴적물을 섭취하여, 조금이나마 남아있는 유기물을 소화하고 있으며, 이런 변변찮은 먹이로도 견뎌낸다는 것은 바로 신선(神仙)에나 비유할 수 있을 것이다.

해삼류는 중국인들이 말린 해삼의 형태로 즐겨 소비하고, 일본에서부터 남양제도에 걸쳐서는 날것으로 먹혀지고 있지만, 그 꼬락서니 탓인지 전설이나 신화・민화에도 거의 등장하는 일이 없다.

❖ Who's who

해삼은 바다백합, 불가사리, 거미불가사리, 섬게의 무리와 더불어 극피동물(棘皮動物)에 속하는데, 다른 무리는 5를 기본으로 하는 방사상칭(放射相稱)의 체형인데 대해, 입—항문축이 길게 뻗어서, 2차적으로 좌우상칭으로 되어 있고, 긴 팔이 없는 대신 입주변에 잘 발달한 더듬이를 갖추고 있다. 또 일부의 무리를 제외하고는 섬게나 불가사리와 같은 튼튼한 외골격(外骨格)과 골판(骨板)의 장갑(裝甲)을 상실하여, 피부밑에 현미경적인 크기의 뼈조각을 많이 가졌을 뿐, 몸 전체는 육질(肉質)이거나 또는 풍선처럼 물로 팽창된 보기에도 불안한 형체를 하고 있다.

그들은 더듬이의 기본구조, 수폐(水肺)라는 호흡기관의 유무, 관족(管足)이라는 이동기관의 유무에 따라서 지수류(指手類), 수수류(樹手類), 순수류(楯手類), 무족류(無足類)의 넷으로 크게 구분된다. 모두가 심해에서 서식하지만 순수류 중의 검정해삼과와 사각해삼과에 속하는 것, 또 무족류의 닻해삼(외형이 뱀처럼 생긴 큰닻해삼 등)은 열대~온대의 얕은 바다에서 번영하는 무리이다.

순수류 중에서도 특히 판족목(板足目)이라고 불리는 무리는 계통발생적으로 호흡기관과 복면 정중부(腹面正中部)의 관족이 상실되었는데도, 심해에서 나는 종 만으로서 두드러지게 많은 종으로 분화되어 있다. 길고 날카로운 돌기를 등쪽에 갖춘 귀신해삼, 젤리질의 체벽(體壁)을 가진 한천해삼, 몸 후반부에 꼬리같은 길다란 돌기를 가진 모자해삼(사진1), 몸 전방에 뿔이 돋은 소해삼(Ⅱ권—18. 사진2), 곰과 같은 굵은 발을 가진 곰해삼 등이 이것에 속한다. 심해성인 순수류 해삼은 모두 한천(寒天)질의 취약한 외피(外被)를 가졌거나, 풍선모양으로 팽창한 얇은 피부를 지니며, 비중이 해수와 거의 같다는 특징이

사진1 긴 꼬리같은 돌기를 가진 심해성 해삼, 모자해삼(인도양 5,025m)

사진2 일본 수루가만의 1,400m 해저에 사는 대머리 해삼 (체측으로 늘어선 사마귀다리로 해저를 돌아다니며 머리부분(왼쪽 아래)의 더듬이로 해저 표면을 핥아먹고, 나머지진 흙탕은 분(糞)으로서 항문으로 배출한다. 체장 약 35cm)

있다. 체장은 3∼20 cm 정도가 많으나 때로는 60 cm나 되는 대형종도 포함된다.

❖ 해삼의 식성

심해저는 먹이에 대해서 매우 냉엄한 세계이다. 어쩌다가 떨어져 내리는 대형동물의 사체와 같은 푸짐한 밥상은 바다의 청소꾼들을 배부르게 하는 일이 있기는 하지만, 해삼이 이것에 직접적인 혜택을 받는 일은 없다. 입의 구조가 그렇게는 되어 있지 않다. 사진 2에서 보듯이, 입 주변에 배열되어 있는 손바닥모양 또는 털개같은 더듬이를 해저면에 밀어붙이고, 이것에 부착한 퇴적물의 표층을 번갈아가며 입 속으로 핥아들이는 형태로서 먹이를 취한다. 흔히 해삼을 니식성(泥食性)이라고 말하지만, 심해산 해삼은 해저 표면에 막 가라앉아 쌓인, 조금이라도 유기물이 많은 표면만을 선택해서 먹고 있다. 이렇게 함으로써 본래 표면에 많이 있는 미생물이나 메이오벤토스(meio-benthos)라고 불리는 현미경적 크기의 저생생물(底生生物)도 먹이로 이용할 수 있기 때문이다.

❖ 보행을 잊어버린 해삼

바다의 오이(sea cucumber)라고 영어로 표현되는, 맥없이 흐느적거리는 해삼이 헤엄을 친다는 말을 들으면, 생물학자도 약간은 놀라 하는 사람이 있다. 19세기부터 아주 적은 몇 종만이 헤엄을 치는 것이라고 알려져 있었는데, 최근에 잠수정과 심해 카메라로 많은 관찰을 한 결과, 심해산 해삼의 약 반수가 사소한 자극으로 헤엄쳐 오른다는 사실이 알려지게 되었다. 대부분의 종이 해수와 거의 같은 비중이라는 점에서 미루어 보아 이것은 어려운 일이 아닐 것 같다.

사진 3에 보인 꿈해삼은 차라리 진화과정에서 지상을 보행하는 능력을 상실하여, 식사는 해저에서 하지만, 이동할 때는 수 m를 헤엄쳐 오르고, 다른 때는 해저 가까이의 물의 흐름에 몸

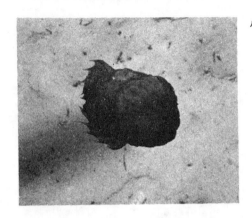

사진3 해저로부터 헤
엄쳐 오른 해삼
— 꿈해삼 (살았
을 때는 선홍색
으로 아름답다.
몸의 앞 끝과 뒤
끝에 있는 지느
러미로 헤엄을
잘 치지만, 해저
에서의 보행은
질색. 체장 약 20
cm. 일본 스루
가만 1,600m)

을 내맡겨 이동하는 그런 생태를 지니고 있다. 아무리 깊은 심
해에서라도 물은 결코 제자리에만 머물어 있지 않고 얼마쯤의
흐름이 있는 것이다. 꿈해삼은 이것을 적극적으로 이용하여
이동하고 있다. 해삼뿐만 아니라 심해생물의 대부분은 넓은 분
포범위를 가진 것이 많으며, 아마도 저층수의 이동을 종의 생
활공간 확대에 적극적으로 이용하고 있는 것이라고 생각된다.

❖ 해구는 바다의 외딴 섬?

곰해삼의 무리는 해구(海溝) 내에서 보통 볼 수 있는 대표
적인 해삼이다. 소련의 해양생물학자 베리아에프는 세계 각지
의 해구로부터 곰해삼의 무리를 채집하여 자세히 연구한 결과,
해구마다 형태가 미묘하게 다르고 대개의 경우 서로가 별종이
라는 사실을 보고했다. 이것은 다윈(C. R. Darwin)이 갈라파고
스 제도에서, 섬마다 거북의 형태가 다르다는 것을 발견한 것
과 대비되는 매우 흥미진진한 현상이다.

세계에서 가장 깊은 해저에서도 충분히 생활할 수 있는 곰해
삼이 그 힘센 굵은 발로, 세계의 해저는 하나로 이어져 있다 하
여 마음껏 돌아다녀도 될 것 같지만, 사실은 약 6,000m 라고
하는 낮은 심도가 아무래도 극복할 수 없는 준령(峻嶺)처럼 되

어 있는 듯하다. 다른 심해생물의 심도범위를 조사해　보아도, 이 6,000m 전후에 커다란 생리학적 장벽이 있어서, 이것을 경계로 하여 저마다의 공간 내에서 고유의 종이 살고　있다는 예가 수많이 발견되었다.

이 6,000m라는 수심은 해저의 지형상, 대양저가 해구로 옮겨가는 심도와 대응하기 때문에, 심해생물의 생태학적인 심도구분으로서 수심 약 3,000~6,000m의 대양저의　심도범위를 심해대라고 부르는데 대해, 6,000m보다 깊은 해구 내를 초심해대(冥海帶)라고 부르고 있다.

20. 바다의 기초생산

❖ 기초 생산이란?

지구 위에서의 거의 대부분의 생산활동은 녹색식물에 의한 태양에너지를 이용한 유기물의 생산에서 시작된다. 이 때문에 녹색식물은 생산자라고 불리며, 그 유기물의 생산을 "기초생산" 또는 "1차 생산"이라고 부르고 있다. 또 동물 플랑크톤, 물고기 등은 직접적으로나 간접적으로 기초생산에 의존하는 소비자라고 부를 수가 있다.

인간이 살고 있는 육상에서는 밀림, 경작지, 초원, 사막 등 기초생산량은 장소에 따라서 크게 변동한다. 한편 바다에서는

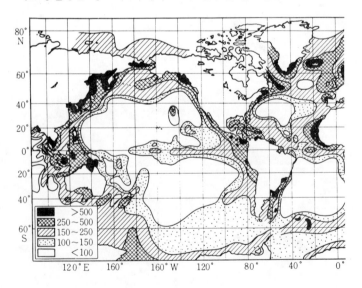

작은 식물 플랑크톤이 기초생산의 주역이 되는데, 육상과 마찬
가지로 그 생산량은 해역에 따라서 크게 달라진다(그림 1).

　우리는 비교적 생선을 많이 먹는 관계로 북양어업(北洋漁業)
이니 페루 외양의 멸치(anchovy)라든가 남극의 크릴(남극새우)
등에 대해서도 알고 있는 민족이지만, 그림 속의 기초생산이 높
은 곳은 당연한 일로 좋은 어장이기도 하다. 그렇다면 바다의
여러 곳에서는 무엇이 기초생산량을 결정해 주고 있을까?

❖ 식물 플랑크톤의 생육

　교과서를 펼쳐보면 「광합성이란 식물이 물과 이산화탄소로
부터 광에너지에 의해 유기물을 만드는 일」이라고 씌어있다.
바다에서는 광합성에 유효한 태양빛은 투명도의 2～3배인 곳
까지 들어간다. 해역에 따라서 다르기는 하지만 가장 투명도
가 높은 바다에서는 이 깊이가 150m쯤이 된다.

　해수 중에는 중탄산이온(HCO_3^-)이 탄소량으로 환산하여　28

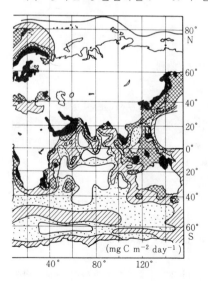

(mg C m^{-2} day^{-1})

그림1　세계 해양의 기초생산
(단위는 mg-C/㎡/day)

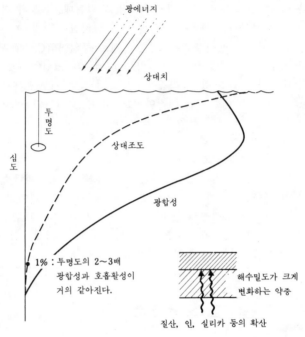

그림2 광합성 속도

mg / *l*이 존재하고, 이 양은 바다 전체로서 보면 공기 속의 이산화탄소의 60배에 해당한다. 식물 플랑크톤이 아무리 활발하게 증식되더라도 중탄산이온은 극소수의 일부가 소비될 뿐이므로 부족되는 일은 없다. 따라서 바다의 식물 플랑크톤의 생육은 빛의 조건에 따라서 제약되는 셈이 된다. 바다 속의 식물 플랑크톤의 생육속도를, 방사성 탄소 ^{14}C로 표지한 중탄산이온을 써서 측정하면 그림 2 와 같이 되고, 상대조도(相對照度) 1 %의 깊이의 층까지 실질적인 유기물의 생산이 이루어지고 있음을 알 수 있다.

그렇다면 빛이 강한 남쪽 바다일수록 기초생산이 크게 되는

것일까? 유감스럽지만 그림 1을 보면 명백하듯이, 오히려 남
쪽 바다에서는 반대로 기초생산이 낮아져 있다. 이것은 식물
플랑크톤에의 질소, 인, 규소 등의 영양물질의 공급이 생육의
제한인자(制限因子)로 되어 있기 때문이다.

❖ 질소의 공급

광합성이 활발하게 진행되는 유광층(有光層)에 대한 영양물
질의 공급면에서 본다면, 바다는 세 해역으로 나눌 수가 있다.
여기서는 식물 플랑크톤이 가장 부족되기 쉬운 질소의 공급을
예로 들겠다. 첫 번째 해역은 겨울철에 표면 해수가 충분히 냉
각되기 때문에, 해수의 상하 혼합이 활발해지는 고위도 해역이
다. 예컨대 일본 홋카이도(北海道)의 북동해역 44°N에서 볼
것 같으면 이 시기에 유광층에는 논에 넣는 비료와 거의 같은
양의 질산이 공급된다. 식물 플랑크톤은 이 풍부한 질산과 인
을 이용하여, 봄부터 여름에 걸쳐서 활발하게 증식한다. 이와
같은 해역에서는 식물 플랑크톤에 필요한 질소의 80%는 질산
으로 충당되고, 나머지 20%는 식물 플랑크톤을 포식한 동물
플랑크톤이 배설하는 암모니아가 이용된다. 이와 같은 유광층
밑으로부터 공급된 영양물질을 이용한 1차생산은 "신생산(新
生産)"이라 불리며, 동물 플랑크톤, 물고기로 이어지는 먹이
사슬의 흐름 속에 짜넣어져서 해산물의 수확에 크게 공헌한다.
이것에 대해 기초생산이 낮은 아열대의 바다는 어떻게 되어
있을까? 이 해역에서는 유광층의 수온이 높아 해수는 휘젓지
않은 목욕탕처럼 성층화(成層化)되어 있다. 이 때문에 유광층
속에는 질소와 인이 없어지고 또 하층으로부터도 공급되지 않
는다. 식물 플랑크톤은 유기물의 분해에 의해서 공급된 암모니
아 만을 질소원으로 하여 활발하게 증식되고 있다. 그러나 새
로운 영양물질의 공급이 없기 때문에, 그림 3에 보였듯이 근소
한 질소를 NH_4^+ → 생산체 → NH_4^+ 로 순화시키고 있다. 이와 같
은 기초생산을 "재생산(再生産)"이라고 부르는데, 유기물과

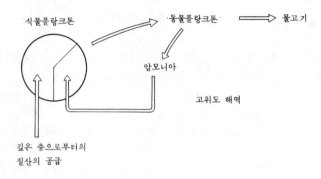

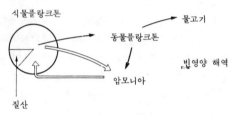

그림3 새 생산과 재생산

암모니아 사이를 질소가 헛돌고 있을 뿐, 물고기로 이어지는 먹이사슬의 흐름은 매우 작아져 있다. 이와 같은 해역은 「빈영양(貧榮養)해역」이라고 불리는데, 구로시오(黑潮)의 동쪽 광대한 바다가 이것에 해당한다.

어떠한 형태로든 빈영양 해역에 질소가 공급되는 곳이 세 번째의 해역이라고 할 수 있다. 생물에는 여러 가지 능력을 지닌 것이 있다. 남조류 트리코데스뮴은 공중질소의 고정능력을 갖고 있다. 트리코데스뮴은 아열대와 열대의 바다에서 충분하게 내리쬐는 태양에너지를 최대한으로 이용하여 질소고정을 하여 증식한다. 그림 1의 남지나해나 홍해의 높은 생산에는 이 남조류가 크게 기여하고 있다. 빛이 충분한 해역에 영양물질이 정상적으로 공급되면, 식물 플랑크톤에는 최적의 생육장소로 되어 폭발적인 증식이 가능해진다. 이와 같은 장소의 대표적인 곳

으로는 멕시코-페루 외양과 아프리카 서해안으로서 그림 1에
서도 기초생산이 높게 나타나 있다.

 전자의 해역에서는 용승(湧昇)에 의한 영양물질의 공급이 멸
치의 대량 어획의 바탕으로 되어 있다. 이 밖에 구로시오나 멕
시코만류(灣流)와 같은 거대한 바다 속의 흐름에 의해서, 섬 주
변이라든가 국지적인 장소에서 용승이 일어나 기초생산을 높여
주고 있다는 사실이 알려져 있다. 그림 1을 자세히 살펴보고
있노라면 태평양에는 광대한 빈영양 해역이 있는 것을 알 수
있다. 태양에너지가 충분하고 200m보다 더 깊은 데는 풍부한
질산, 인, 규소가 저장되어 있다. 바다 자체이기 때문에 뭍의
사막과는 달리 물도 충분하다. 다만 깊은 층의 물을 표면으로
퍼올릴 수만 있다면 웅장한 해양목장(海洋牧場)의 꿈이 펼쳐지
게 될 것이다.

21. 만물은 돌고 돈다
—바다의 물질순환

바다 속에서는 모든 것이 움직이고 흐르며 그리고 생성과 소멸의 역사를 되풀이하고 있다. 바다 표층을 영원히 떠돌아다니듯이 보이는 무수한 규조류(硅藻類) 플랑크톤의 집단도, 그 속의 개개 플랑크톤을 살펴본다면, 어떤 것은 먹혀지고 또는 죽어서 시시 각각으로 그 삶을 마치고 있다. 그러나 한편에서는 집단 속으로부터 잇달아 새로운 규조가 태어나고 종으로서의 생명을 보전하고 있다. 이 규조를 먹고 있는 동물 플랑크톤도, 또 그것을 먹이로 하는 물고기도 바다 속에 살고 있는 것은 모두 같은 운명을 밟아가고 있다.

❖ 물질순환과 미생물

바다 생물의 죽음과 재생의 이와 같은 과정 가운데서 생물체를 만들고 있는 원소, 예컨대 탄소, 질소, 산소, 인, 황 등은 복잡하게 형태를 바꾸어 가면서 생물과 외계 사이를 왔다갔다 하고 있다. 그리고 이 원소가 이와 같이 형태를 바꿀 때에 대부분의 경우 눈에 보이지 않는 바다 속의 미생물, 그 중에서도 박테리아가 변화를 일으키는 당사자로 되어 있다는 것을 알게 된다.

한 예로서 여기에 질소를 들어 그 변화를 살펴보기로 하자. 질소는 잘 알려져 있듯이, 공기의 약 5분의 4의 부피를 차지하고 있는 기체인데, 동시에 단백질이나 아미노산, 핵산과 같은 생명에 중요한 물질과 요소, 암모니아, 질산, 이산화질소 등 매우 많은 화합물을 만드는 반응력이 풍부한 원소이기도 하다.

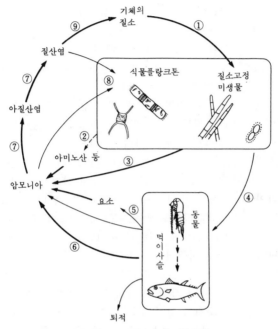

그림1 바다에서의 질소의 순환

바다 속에서는 질소는 그림 1 에서 볼 수 있듯이 연달아 형태를 바꾸어 가면서 생물과 외계 사이를 흐르고 있다. 이 흐름은 전체로서는 커다란 순환형태를 취하고 있으므로, 어디를 출발점으로 생각하든 마찬가지이다. 여기서는 대기 속의 질소에서부터 설명하겠다.

❖ 질소 고정균의 역할

기체의 질소를 체내로 섭취하여 암모니아로 바꾸고 그것을 다시 유기물로 바꿀 수 있는 박테리아, 즉 공중질소 고정균(固定菌)이 육상의 흙 속에 널리 서식하고 있다는 것은 잘 알려진 사실이다. 이들 박테리아의 어떤 것은 흙 속에서 독립된 생활을 영위하고, 또 어떤 것은 콩과 식물의 뿌리나 때로는 줄기에 공생(共生)하고 있다.

바다 속에도 질소를 고정하는 박테리아가 있어, 해수나 해저의 퇴적물에 녹아들어 있는 기체의 질소를 흡수하여, 체내에서 암모니아로부터 아미노산으로, 다시 단백질, 핵산으로 바꾸고 있다(그림 1 −①). 해양의 표층에 많은 남조류를 포함하는 이와 같은 질소고정 박테리아에 의해서 고정되어 있는 질소의 양은 매년 약 3,500 만 톤에 달한다고 한다.

이리하여 박테리아의 체성분이 된 질소는 이어서 그림의 ② ③④의 세 과정을 통해서 박테리아로부터 나가게 된다. 먼저 박테리아에 고정된 질소의 일부가 체외로 분비된다(그림 1 −②). 또 질소 고정 박테리아가 죽었을 때는 그 체내의 유기물은 바다 속의 다른 박테리아에 의해서 분해되고, 질소의 대부분은 암모니아의 형태로 바뀌어진다(1 −③). 다시 질소 고정 세균은 미소한 동물 플랑크톤에 먹혀짐으로써 먹고 먹히는 먹이사슬 속으로 들어간다(1−④). 이리하여 동물들의 체내를 건너다니는 동안에, 질소의 상당한 부분은 요소나 암모니아의 형태로 그들 동물로부터 배설된다(1−⑤). 이들 동물이 죽을 때는 그 체내의 유기물은 박테리아에 의해서 분해되고 질소의 대부분은 암모니아로 바뀌어진다(1−⑥).

❖ 다시 기체 질소로

이와 같이 바다 속에서는 여러 과정을 통해서 암모니아가 연달아 만들어지고 있는데, 그런데도 불구하고 해수 속의 암모니아량은 매우 근소하며, 실제로 그것은 실험실의 증류수 속에 함유되는 미량의 암모니아보다도 더 적다고 할 수 있다. 그 이유는 그림에 나타나 있듯이 바다 속에서 만들어진 암모니아가 질산화박테리아의 작용에 의해서 계속 질산으로 바뀌어지기 때문이다(1−⑦). 또 암모니아의 일부나, 암모니아로부터 질산화박테리아에 의해서 만들어지는 질산(염)은 바다의 식물 플랑크톤에 의해서 그 영양원으로서 흡수되고 있다(1 ―⑧).

그리고 또 질산염의 일부는 바다의 산소가 적은 층이나 해저의 퇴적물 속에서 산소를 빼앗기고는 다시 기체의 질소로 바뀌어진다. 이 과정을 "탈질산(脫窒酸)"이라고 부르며, 이와 같은 기능을 갖는 박테리아를 탈질산 박테리아라고 일컫고 있다.

이상, 바다에서의 질소의 순환에 대해서 설명했지만, 질소와 마찬가지로 생물체를 구성하고 있는 탄소, 산소, 인 등의 원소에 대해서도 그 각각의 변천을 더듬어가면 이와 같은 순환도식을 그릴 수가 있다.

22. 생물활동의 공식

❖ 바다 식물의 원소 조성

뭍에는 나무, 풀, 이끼 등 얼핏 보아서 모습이나 형태, 그 원소조성이 다른 식물이 섞여 있고, 그 크기도 가장 큰 것은 100m에나 이른다. 따라서 어떤 산의 수목이나 풀 전체를 포함한 평균값을 낸다는 것은 간단한 일이 아니다. 이것에 대해 바다의 광합성을 관장하는 식물 플랑크톤의 크기는 기껏해야 수 10 마이크론(마이크로미터를 말함. $1\mu m = 10^{-6}m$)이며, 현미경에 의해서 겨우 그 실체를 관찰할 수 있다. 더구나 그 수는 1ℓ의 해수 속에 1만 개 이상이나 있어서 일괄하여 평균적으로 다루기는 쉬운 일이 아니다.

그런데 해양 속에는 중탄산, 질산, 인, 실리카(규산) 등이 있고, 식물 플랑크톤은 광합성 때 이들 영양염을 재료로 하여 자신의 신체를 만들고, 이어서 동물 플랑크톤에게 먹히거나 하여 분해된다. 이 과정을 한마디로 말하면 「빛과 영양물질을 이용하여 유기물이 만들어지고(광합성), 그 후 바다 속의 산소를 소비하여 다시 본래의 영양물질로 환원한다」는 것이 된다. 이 일련의 물질변화 속에 헤아릴 수 없을 만큼 많은 종류의 해양 생물의 활동이 짜넣어져 있는 것이다.

이 물질변화에 관계되는 주된 영양물은, 경작지의 비료가 질소, 인, 칼리인데 대해, 바다에서는 질소, 인, 실리카로 된다. 생물종은 다종 다양하기는 하지만, 평균적으로는 다루기가 쉽기 때문에, 이 일련의 흐름을 하나의 공식으로 나타낼 수는 없을까 하는 것은 누구나 착상하게 되는 일이다. 그 한 가지 방법에 원소의 조성으로서 관찰하는 방법이 있다. 물을 예로 들

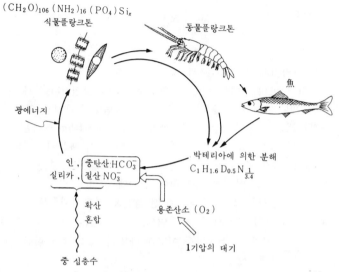

$(CH_2O)_{106}(NH_2)_{16}(PO_4)Si_x$
식물플랑크톤

동물플랑크톤

魚

광에너지

인 , 중탄산·HCO_3^-
실리카 , 질산 NO_3^-

박테리아에 의한 분해
$C_1H_{1.6}D_{0.5}N_{\frac{1}{3.4}}$

확산
혼합

용존산소 (O_2)

1기압의 대기

중 심 층 수

그림1 바다 속의 생원소의 흐름

면 2원자의 수소(H)와 1원자의 산소(O)로 이루어지기 때문에 H_2O로써 표기한다. 다행히 식물 플랑크톤과 같은 미생물은 고등동물에 비해서 신체 기관도 그다지 분화되어 있지 않아, 예컨대 그들 미생물의 체내에 함유되는 탄소와 질소의 비율은 종류에 상관없이 약 6~7의 값을 가지는 것이 대부분이다.

플레밍(R. H. Fleming) 등은 세계의 바다 여러 곳으로부터 식물 플랑크톤을 채집하여 그 원소 조성을 분석하고, 그 주요 구성원소의 비율로부터 이들 해조류는 화학식으로 $(CH_2O)_{106}$ $(NH_2)_{16}(PO_4)$로써 나타낼 수 있다고 보고했다. 즉 바다 속의 광합성은

$$물 + HCO_3^- + NO_3^- + PO_4^{3-} \rightarrow (CH_2O)_{106}(NH_2)_{16}(PO_4) + O_2$$
　　중탄산　질산이온　인산이온　　　　해조류의 성분　　　산소
　　이 온

의 식으로 나타낼 수가 있다. 규조의 경우에는 이것에 실리카

(Si)가 첨가된다. 화살표가 반대를 향하는 경우는 분해가 된다.

❖ 영양염과 산소의 관계

그러면 바다 속에서 이들 화학성분, 특히 질산(NO_3^-)과 인(PO_4^{3-})은 어떤 분포를 하고 있을까? 그림 2에 태평양 외양의 수직분포를 보였다. 광합성이 활발한 표층(0~150m)에서는 이들 영양물질은 식물 플랑크톤에 의해 소비되기 때문에 감소되어 있다. 빛이 닿지 않는 중간층이나 심층에서는 영양물질이 차츰 증가하고, 이것에 수반하여 바다에 녹여져 있는 산소가 감소하는 경향을 알 수 있다. 어떤 성분도 광합성과 분해과정에 잘 대응하여 분포해 있는 셈이다.

여기서 산소의 감소경향을 어떻게 다룰 수 있느냐가 다음 번의 문제점이 된다.

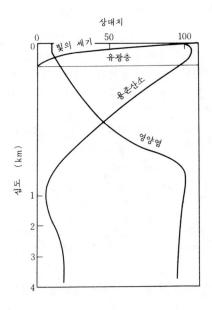

그림2 바다 속의 영양염(질산, 인, 실리카)와 용존산소의 관계

현재 바다의 중간층에 있는 해수도 전에는 바다의 표면에 있었던 시기가 있었다고 생각된다. 중간층의 물은 온도도 낮고, 주로 고위도역에서 표층으로부터 가라앉게 된다. 표면 해수는 1기압의 대기와 접하고 있어, 그 때의 온도·염분의 양에 따라서 결정되는 일정한 양만큼 대기 속의 가스가 녹게 된다. 가혹한 기상조건 아래서 냉각된 표면수는 비중이 무거워져서 가라앉고 그 후는 대기와 접하는 일이 없다.

따라서, 예컨대 1,000m의 해수는 정수압(靜水壓)으로서는 약 100기압의 힘을 받고 있지만, 용존 가스에 관해서는 1기압의 대기 중에서 녹을 수 있는 양 밖에는 존재하지 않는다. 사실, 산소와는 달리 생물활동에 의해서는 거의 변화하지 않는 용존 질소가스나 아르곤은, 1기압의 대기 속에서 녹을 수 있는 양만이 중간 심층수 속에 녹여져 있다. 이것으로부터 감소한 산소량은 1기압에서 녹을 수 있는 양으로부터 현재 남아있는 양을 빼면 된다는 것이 되고, 이것을 "겉보기 산소소비량(AOU:apparent oxygen utilization)"이라는 말로써 나타내는 것이 관례로 되어 있다.

한편 해수는 상하로 움직이는 것이 아니라, 밀도가 같은 면을 따라 움직이는 것으로 생각할 수 있다. 그래서 바다의 여러 가지 물에 대해 AOU를 구하고, 같은 밀도를 가진 해수를 골라서 AOU와 질산이나 인의 관계를 조사한 것이 그림3이다. 이 그림은 닫혀진 유리병 속의 유기물이 산소를 소비하여 차츰 분해되어 가는 상태를 조사하는 것과 같은 결과를 가져다 줄 것으로 기대된다.

지금까지 여러 바다에서 조사한 결과 $NO_3^- - AOU$에서는 그 직선의 기울기가 약 $\dfrac{16}{276}$, $PO_4^{3-} - AOU$에서는 $\dfrac{1}{276}$, HCO_3^- $- AOU$에서는 $\dfrac{106}{276}$이 되는 것을 알았다. 이 직선관계는 바다 속의 유기물이 분해할 때 다음의 식이 성립되고 있다는 것을

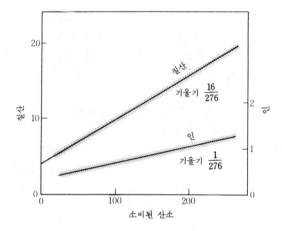

그림3 인과 질산의 생성과 산소의 감소와의 관계

의미한다.

$$(CH_2O)_{106}(NH_2)_{16}(PO_4) + 138 O_2$$
해수 속의 유기물   산소

$$\rightarrow 106CO_2 + 16HNO_3 + 12H_2O + PO_4^{3-}$$
이산화탄소   질산   물   인산이온

놀랍게도 분해되어야 할 유기물의 원소 조성은 플레밍들에 의해 보고된 식물 플랑크톤의 원자비(原子比)와 꼭 일치한 셈이다. 이리하여 바다의 광합성과 분해과정을 가리키는 식이 약 15년 전에 확립되었다.

해수는 표면 이외에서는 대기와 접촉하지 않는다는 점, 바다에서 생산된 유기물의 대부분은 분해되어 무기염(無機鹽)으로 되돌아 간다는 점 등이 겹쳐져서, 실험실의 실험에서도 좀처럼 재현할 수 없는 훌륭한 자연의 모습을 만들어낸 것이다.

이 화학식의 성립은 해수 속 특히 중간 심층 속에서 서서히 진행하여, 좀처럼 검출하기 힘든 미생물의 활동을 아는 데에도 큰 도움이 된다. 예컨대 AOU로부터 기대되는 양보다도 NO_3^-

이 감소되어 있는 물이 발견되었다고 하자. 이와 같은 해수는 대부분의 경우 산소가 없어진, $NO_3^- \rightarrow N_2$의 계열, 즉 탈질산(脫窒酸)이라고 불리는 반응계가 작용하고 있다는 유력한 증거가 된다.

　중간 심층의 탈질산활동은 보통 매우 천천히 진행되고 있기 때문에 추적자(tracer)를 써서 측정한다 해도 매우 곤란하다. 그러나 단순히 해수 속의 NO_3^-와 AOU를 측정함으로써 어떤 해역에서의 AOU로부터 기대되는 양의 NO_3^-보다 얼마만큼의 NO_3^-이 감소했는가를 간단히 추산할 수 있다. 이와 같은 방법으로 산소가 없는 동부열대와 아열대 산소결핍 수괴(水塊)의 전체 탈질산량을 비교적 간단하게 추산할 수 있게 되었다 (제 II 권 - 11. 「산소가 없는 바다」 참조).

23. 바다를 정화하는 박테리아

❖ 바다로 모여드는 유기물

「물에 흘려 보낸다」는 말이 있듯이, 우리는 예로부터 더러운 것, 추한 것, 귀찮은 것들을 모조리 강이나 바다로 흘려 보냈다. 최근에 와서는 지구 위의 인구가 급격히 증가하고 또 산업이 발전함에 따라, 바다로 버려지는 폐기물의 종류도 더욱 많아지고 그 양도 비약적으로 증가하고 있다.

사람의 생산활동이나 생활에 의한 폐기물 이외에도 육지로부터 바다로 많은 양의 유기물이 흘러들고 있다. 그 속에는 나무가지나 나뭇잎, 꽃가루와 같은 것에서부터 동물의 사체나 배설물, 또 이들이 도중에서 분해되다 남은 찌꺼기 등 온갖 것이 포함되어 있다. 흑해에서는 여름 동안에 육지에서 날아와 떨어지는 곤충의 수만 해도 10억에 달한다고 한다.

바다에서는 또 거기서 번식하는 해조류나 플랑크톤에 의해 해마다 막대한 양의 유기물이 만들어지고 있다.

이리하여 해마다 바다에서 만들어지거나 또는 바다로 흘러드는 유기물의 양이 도대체 얼마나 될 것이냐는 것은 추정하기 어려운 문제이지만, 표 1에 일본의 나고야(名古屋)대학의 한다(半田暢彥)교수에 의해 정리된 보고를 예로 들어 두었다.

이 표로서 알 수 있듯이 바다에서는 육지로부터 흘러드는 유기물보다, 거기서 만들어지는 유기물이 훨씬 많다. 식물(주로 식물 플랑크톤)에 의해서 만들어진 유기물의 대부분은 동물에게 먹혀진다. 동물은 먹은 식물의 소화할 수 있는 부분을 이용하여 에너지와 몸의 성분으로 바꾸고, 한편 소화할 수 없는 부분은 다시 바다 속으로 배설한다.

표 1 여러 과정에 의한 해양에 대한 유기물의 부하량

		[g-C/년]
기초생산	$100\,\text{g-C/m}^2$/년=$274\,\text{mg-C/m}^2$/일	3.6×10^{16}
하천	$3.0\times10^{16}\,l$/년	3.0×10^{14}
	$3.2\times10^{16}\,l$/년	3.2×10^{14}
	$10\,\text{mg-C}/l$ (세계의 하천의 평균치)	
	$3.5\,\text{mg-C}/l$ (아마존강)	
	$4\,\text{mg-C}/l$ (맥퀜지강)	
	$25\,\text{mg-C}/l$ (샤탈강)	
지하수	4×10^{15}/년	0.8×10^{14}
	$20\,\text{mg-C}/l$	
강수	$2.23\times10^{17}\,l$/년	2.2×10^{14}
	$3.47\times10^{17}\,l$/년	3.5×10^{14}
	$1\,\text{mg-C}/l$	
직접 유입		—
풍송진	$6\times10^{13}\,\text{g}$/년	0.02×10^{14}
	표층 모양의 유기탄소 함유량:=2.5%	
식물 휘발성 물질	$1.7\text{g}\times10^{14}\text{g}$/년	1.5×10^{14}
	$4.4\times10^{14}\text{g}$/년	3.9×10^{14}
	탄소함유량 : 이소프랜으로서 88%	
원유탱커	$700\times10^{12}\text{g}$ (1967년에 있어서)	0.03×10^{14}
	0.4% (유조의 세척에 의한 해양으로의 투기)	

이렇게 하여 바다로 들어가고 또는 바다에서 만들어지는 유기물의 큰 부분이, 만약에 그대로 남겨져서 해마다 축적되어 간다면 어떻게 될까? 오랜 세월 동안에는 바다는 동·식물의 사체와 배설물, 쓰레기, 폐기물 따위로 메워져 버릴 것이 확실하다.

다행하게도 바다에는 작은 청소꾼——박테리아가 무수히 있어서 이같은 유기물을 부지런히 분해해 주고 있다.

❖ 바다를 청소하는 박테리아

한천을 예로 들어보자. 한천은 우뭇가사리, 꼬시래기 등 홍조류(紅藻類)라고 불리는 종류의 해조가 그 체내에 만드는 유

기물(galactan이라고 하는 다당류)인데, 이 한천의 성분에 의해서 해조는 몸의 견고성을 유지하고 있다.

잘 알려져 있듯이 동물은 한천을 소화하는 효소(酵素)를 갖고 있지 않으므로, 바다에서의 그 분해는 전적으로 박테리아의 활동에 의존해야 한다. 그러나 박테리아 조차도 그 대부분은 한천을 분해할 수 없다는 것은, 박테리아용 배양기(培養基)를 굳히는 재료로서 한천이 쓰여지고 있는 것으로부터도 짐작될 것이다. 사실, 한천을 분해하는 박테리아는 바다에서도 소수의 종류밖에 알려져 있지 않다. 그 대표적인 것이 사진 1에 보인 키토파가라고 불리는 것이다.

지렁이를 연상하게 하는 형태를 지닌 이 박테리아는 전적으로 바다의 해조류나 플랑크톤의 표면에 부착하여 생활하고 있으며, 한천뿐만 아니라 보통의 박테리아가 분해하기 힘드는 셀룰로스, 알긴산과 같은 다당류, 또 게나 새우의 껍질을 만들고 있는 견고한 키틴질 등을 분해하는 힘도 가졌다.

바다 속의 유기물에는 여기에 든 한천을 비롯한 다당류, 동

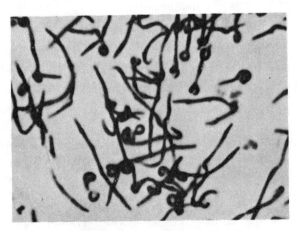

사진1 한천을 소화하는 박테리아―키토파가

물체 속의 경(硬)단백질, 또 석유와 같이 보통의 박테리아에는
분해되기 어려워서 전문 청소꾼의 힘을 빌어야 하는 것도 있고,
또 반대로 보통의 단백질이나 아미노산, 당 등 바다의 많은 박
테리아에 의해서 쉽게 분해되어 버리는 것도 있다. 한편 본래
자연계에서는 볼 수 없고 인공적으로 만들어진 유기물 중에는
PCB나 농약의 BHC, 일부 합성세제 등과 같이 박테리아 조
차도 그것을 분해하는 데는 오랜 세월을 필요로 하는 것도 있

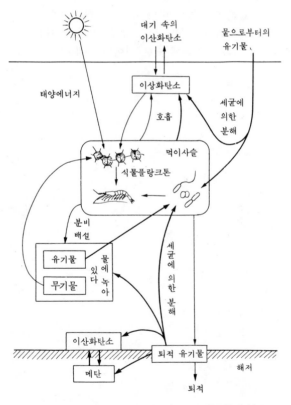

그림1 바다에서의 탄소의 순환(굵은 선은 세균의 작용)

다.

❖ 분해된 유기물의 재생

유기물이 박테리아에 의해서 분해되고 이용되는 가운데서, 그 속에 함유되어 있던 질소, 인 등은 그 형태를 계속 바꾸어 가면서 최종적으로는 무기물의 형태로 되어서 물 속으로 배출된다. 이와 같은 무기물 형태의 질소, 인 등은 거기에 있는 식물 플랑크톤에게는 귀중한 비료가 되는 것으로서 영양염이라고 불린다. 이와 같은 영양염은 바다 표층의 식물 플랑크톤에 의해 효율적으로 흡수되고, 식물 플랑크톤은 이것을 이용하면서 다시 대량의 유기물을 만들게 되는 것이다(그림 1).

24. 개펄과 생물

개펄만큼 어업 생산력이 높은 해역은 달리 찾아 볼 수가 없다. 해마다 많은 사람들이 썰물이 진 개펄에서 조개잡이를 하고 있지만, 바지락이나 개량조개가 개펄에서 없어지는 일은 없다. 개펄에 무수히 늘어선 김대발에서는 아침 식탁에 오르는 김이 채집된다. 가자미류나 모래무지류의 치어는 개펄에서 먹이를 먹고 성장하여 바다로 나간다. 고대인의 식생활을 알려 주는 조개무지(貝塚) 속에는 개펄에 사는 이매패(二枚貝)가 수백 m에 걸쳐서 두껍게 쌓여 있어, 개펄이 얼마나 중요한 먹이의 생산지였던가를 일깨워 준다. 개펄은 우리 생활이 시작된 예로부터 과학문명이 발달한 현대에 있어서도 매우 중요한 해역이다.

❖ 개펄의 환경과 생물상

개펄은 아무데서나 형성되는 것이 아니며, 우리 나라에는 대규모의 개펄이 서해안에 널리 퍼져 있다. 개펄이 형성되기 위해서는 여러 가지 지리적 조건이 필요하다. 우선 첫째로 다량의 모래나 진흙이 하천 등에 의해서 바다로 흘러들어야 하고, 둘째로 그 모래나 진흙이 파도나 해류에 의해서 외양으로 실려나가지 않아야 하기 때문에, 어느 정도 외양과의 물의 교류가 적은 강어구나 만 안이어야 할 것, 세째로는 바다가 멀리까지 얕게 이어진 곳에 퇴적한 모래나 진흙이, 공기 속으로 나타났다가 해수 속으로 잠겼다가 하기 위한 간만(干滿)의 차가 커야 한다.

이들 세 가지 조건 중, 어느 하나라도 부족하면 개펄은 형성

사진1 일본 도쿄만의 모래질 간척

되지 않는다. 우리 나라에서는 동해 연안에 큰 개펄이 없는 것은 간만의 차가 서해안에서는 5m 이상에 달하는데 비하여 불과 1m쯤 밖에 안되는 것이 큰 이유이다.

한마디로 개펄이니 간석지니 하지만, 그것에도 여러 가지 환경이 있고 그 중에서도 개펄의 저질입자(底質粒子)의 차이는 보수력(保水力), 유기물량, 저질 내의 산소조건에 큰 영향을 준다. 입자가 미세하고 점토질로 된 진흙이 많은 개펄일수록 보수력이 강하고 유기물량이 증가하는 반면 산소가 공급되기 어려워져서 혐기성(嫌氣性)이 생기기 쉽다. 또 개펄면이 높은 부분일수록 썰물 때의 간출시간(干出時間)이 길어지기 때문에 건조하기 쉬워진다. 또 개펄을 덮는 해수의 염분농도도 가까이에 있는 하천수의 영향차에 따라서 크게 달라진다.

이와 같은 환경의 차이는 당연히 개펄에 서식하는 생물상(生物相)의 차이로서 나타난다. 여기서 개펄 생물의 먹이를 취하는 방법을 소개하면 이것에는 크게 나누어 두 가지 방법이 있다. 하나는 「여과식(濾過食)」이라고 하여 해수 속의 유기물입자를 걸러서 먹는 타입이고, 또 하나는 「퇴적물식(堆積物食)」이라고 하여 저질 표면의 유기물을 주워먹는 타입이다. 일반적으로 모랫기가 많은 개펄은 파도에 의해 저질이 휘말려 오르기 때문에, 해수 속의 유기물을 잡아먹는 여과식성 동물이 많고, 진흙이 많은 개펄에서는 저질 표면에 유기물이 퇴적하기 쉽기 때문에 퇴적물 식성의 동물이 많아진다.

전자의 주된 것으로는 바지락과 동죽 등으로, 그들은 수관을 뻗어 해수를 흡수하여 아가미로 유기물을 여과해서 모은다. 후자의 대표로는 낚시미끼로 알려진 갯지렁이를 들 수 있는데, 그것들은 둥지구멍으로부터 머리만 내밀고, 구멍 주위의 먹이를 진흙과 함께 먹는다. 또 이매패 중에서도 애기대양조개 등과 같이 수관을 전기청소기처럼 사용하여 진흙 표면의 먹이를 쓸어다 먹는 것도 있다.

❖ 보수성과 생물분포

개펄에서 눈에 띄는 생물로서는 달랑게과의 게종류가 있다. 달랑게는 자기 몸만한 크기의 가위를 가진 농게의 무리이다.

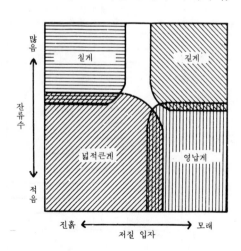

그림1 달랑게과 4종의 저질선호성(일본 도쿄만)

그들의 개펄에서의 분포는 저질입자의 크기와 보수성이 좋고 나쁨에 따라서 결정된다. 진흙이 많은 곳에서는 건조하기 쉬운 부분에는 넓적콩게가 있고, 개펄 표면의 군데 군데에 해수가 남는 부분에서는 칠게가 서식하고, 모래질로 건조하기 쉬운 곳에는 엽낭게가, 해수가 남는 곳에서는 길게가 분포해 있다(그림 1).

개펄은 모래펄과는 비교도 안될 만큼 보수력(保水力)이 강하다. 그것은 저질입자가 미세하다는 것과, 수평면으로 넓게 해수가 흘러 나가기 어렵기 때문이다. 보수력이 비교적 약한 모래개펄이라도, 밀물 때에 물에 잠긴 곳에서는, 썰물이 되어도 개펄면에는 충분한 해수가 유지되고 있다. 따라서 밀물이 최소인 소조(小潮)의 만조선(滿潮線)보다 낮은 곳에서는 개펄면이 말라 버리는 일이 거의 없고, 이 선보다 아래인 개펄면에서 생물의 종류수가 갑자기 증가한다(그림 2). 진흙개펄은 보수력이 더 강하기 때문에 갯지렁이 등 진흙 속에서 생활하는 동물의 분포는 모래개펄보다 훨씬 더 높은 데까지 올라간다.

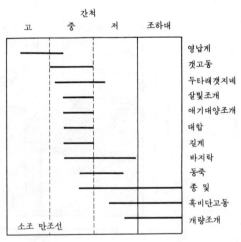

그림2 모래질 간척(일본 도쿄만)의 생물분포

❖ 간출(干出)시간과 생물의 활동

간출시간(干出時間)의 길이는 개펄에 서식하는 동물의 활동에 큰 영향을 준다. 간출시간이 긴 개펄 위쪽에 분포하는 동물은 바다의 생물이면서도 간출시에 먹이를 취하는 습성을 가진 것이 대부분이다. 앞에서 소개한 달랑게과의 게는 썰물이 되면 둥지구멍에서 나와 개펄 표면의 유기물을 먹고, 밀물이 되면 둥지로 돌아와서 가만히 있다. 갯고동이라는 나사조개도 조석이 빠진 직후에 먹이를 잡아먹으려 돌아다니며, 조석이 들어오면 모래 속에 숨어 버린다. 저 약한, 공기 속에서는 금방 죽어버릴 것만 같은 갯지렁이조차도 개펄면이 충분히 축축하면 썰물 때에 둥지구멍에서 머리를 내밀고 먹이를 찾는 수가 있다.

이것에 대해 개펄의 중간쯤에서부터 아래쪽에 분포해 있는 동물의 대부분은 밀물 때에 활발하게 먹이를 잡는다. 말미잘의 무리는 물 속에서만 먹이를 잡기 위한 더듬이를 펼 수 있고, 또 바지락 등의 이매패도 밀물 때에 수관을 뻗는다. 그들은 썰물 때 개펄면이 해수에 덮혀 있지 않는 동안은 저질 속에서 다음번의 밀물을 기다리고 있어야 한다. 그렇다면 왜 일부러 물이 빠지는 개펄에서 서식하고 있을까?

그 이유의 하나는 개펄의 보수력이 강한 데 있다. 썰물로 개펄면에 해수가 없어지더라도, 저질 사이에는 해수가 충분히 보전되어 있기 때문에, 저질 내에 잠겨 있으면 적어도 건조 때문에 죽을 걱정은 없는 것이다. 또 개펄의 군데 군데에는 작은 타이드 풀(tide pool)이나 수로가 있어서 해수가 고여 있으므로, 그 속에서는 밀물 때와 마찬가지로 활동할 수가 있다. 또 하나의 이유는 개펄의 동물에게는 조석이 빠져나가 버린다는 것은 반대로 그들을 잡아먹는 대형 해양동물(예컨대 민꽃게, 큰구슬우렁, 노랑가오리)의 침입을 막아준다는 장점이 있다. 육식성 대형동물도 해수 속에서는 강한 왕자이지만 간출에 대해서는 거의 저항력이 없다. 그러므로 당연히 개펄보다 깊은 외양에서나 서식하고 얕은 개펄로는 들어오지 않는다.

결론적으로는 개펄은 작은 동물에게는 충분한 수분을 보전해 주고 대형 포식자(捕食者)의 침입을 막아주는 보호구역을 마련하고 있는 셈이다. 개펄의 동물이 갯지렁이, 소형 게, 소형 이매패 등 다른 동물의 먹이가 되기 쉬운 생물로서 구성되어 있는 이유도 여기에 있다.

❖ 바다의 영양원——개펄

개펄은 아마 생산력이 가장 높은 해역일 것이다. 하천으로부터 공급된 무기영양은 개펄과 그 주변의 내만에서 식물 플랑크톤의 증식을 촉진한다. 개펄의 모래진흙 표면에도 무수한 단세포 저생 조류가 있어서 활발하게 광합성을 하고 있다. 그들 1차 생산자에 의해서 만들어진 유기물은 해수 속에 떠 있는 동안 여과식자에게, 해저로 떨어진 것은 퇴적물식자에게 먹혀서 개펄 동물의 성장을 지탱하고 있다. 수많은 동물의 서식을 지탱하기 위해서는, 먹이와 동시에 산소의 공급이 필요한데, 썰물이나 밀물을 통해서 개펄면이 공기와 해수에 번갈아 접촉하기 때문에, 공기 속의 산소를 해수 속으로 재빨리 흡수할 수가 있다. 또 개펄의 단세포 저생 조류도 풍족한 영양과 일광을 배경으로 활발하게 산소를 방출한다. 모래나 진흙 입자의 표면에는 한쪽에 박테리아가 부착되어 있어서 동물에게는 이용되기 어려운 유기물을 분해하고 증식하며 스스로는 동물의 먹이가 된다.

이와 같이 생물의 활발한 활동에 떠받쳐서 개펄은 풍요로운 어장이자 물새가 모여드는 아름다운 자연이며, 바다의 정화(淨化)를 담당하는 중요한 해역인 것이다.

25. 해안은 왜 필요한가

대한민국은 삼면이 바다에 둘러싸인 반도국가이다. 북은 혹한의 바다에서부터, 남으로는 산호초가 퍼져있는 남국의 바다까지, 해안의 자연이 매우 변화가 풍부하다. 그 총연장은 8,692km로 지구를 일주하는 길이의 5분의 1에 달하고, 3,300여개의 도서를 갖고 있으며, 세계에서도 비교적 긴 해안선을 자랑하고 있다. 우리 나라의 역사·문화는 이 해안과 관계하여 형성되었다고 해도 지나친 말이 아니라 하겠다.

❖ 해안과 생물

해안은 사람과 바다와의 결합이 가장 깊은 곳이며, 사람들은 해안에 서서 바다의 아름다움을 느끼고, 해수욕을 즐기며, 어부는 어패류(魚貝類)와 해조를 채취하여 우리에게 물가의 풍정을 맛보게 해 주는 곳이다. 그러나 한마디로 해안이라고 말하지만 거기에는 갖가지 환경이 있으며, 외양으로 튀어나간 곳은 암초가 되고, 조금 들어간 곳에는 모래펄이 있고, 다시 그 속 내만에는 개펄이 있다. 이들 각각의 환경에는 전혀 다른 생물이 살고 있으며 인간의 이용방법도 각기 다르게 되어 있다.

해안 중에서도 암초는 생물의 다양성이 가장 높은 곳이다. 따개비, 삿갓조개, 나사조개, 이매패 그리고 갖가지 해조류가 빽빽하게 바위 표면을 덮고 있다. 이들 생물의 분포에 대해서 좀더 자세히 관찰하면, 저마다의 생물이 어떤 조위(潮位)의 범위에만 분포해 있는 것을 알게 될 것이다. 예컨대 일본의 혼슈(本州) 중부의 태평양쪽을 예로 들면, 가장 높은 곳에서는 좁쌀무늬총알고동과 뱃장나무벌레, 그 아래는 바위따개비, 검정

사진1 지형이 복잡한 자연해안에는 다양한 생물이 풍부하게 서식한다

따개비, 딱지조개(군부), 테두리고둥 등이 많고, 보다 하부의 간조선(干潮線) 근처에는 녹미채 등의 해조가 두드러지게 차지하고 있다.

이들 생물의 분포에 영향을 주는 가장 큰 요인은, 썰물 때의 건조나 고온이다. 따라서 파도가 센 암초에서는 물보라가 바위를 적시기 때문에 생물의 분포 상한이 상부로 뻗어가고, 높은 곳에서는 수면으로부터 10m 가까이의 바위 위에도 좁쌀무늬 총알고둥의 분포를 보는 일이 있다. 또 타이드 풀이나 그늘의 바위구멍도 생물분포의 상한을 끌어올리는 역할을 하고 있다.

모래펄은 암초와는 반대로 해안에 있어서의 생물의 서식이 가장 적은 곳이다. 그 이유는 파도에 의한 모래가 심하게 말려 올려지기 때문에 해저생물이 안정하게 정착하여 있을 수 없다는 점과, 썰물 때는 모래 사이의 해수가 빨리 빠져 나가기 때문에 건조와 고온의 위험에 드러나기 쉽다는 물리환경의 불안정성에 원인이 있다. 그러나 이와 같은 환경에 적응한 모래펄 특유의 생물도 볼 수 있는데, 소형 갑각류나 이매패 중에는 파도가 밀려오면 모래 표면에 나가서 파도의 움직임을 교묘히 이용하여 이동하고, 파도가 빠져 나갈 때는 모래 속으로 들어가 버리는 것도 있다. 이러한 행동으로 파도가 밀려드는 모래펄 위의 조석의 간만에 맞추어서 전진과 후퇴를 할 수가 있다.

모래펄 자체는 생물이 서식하기에는 가혹한 환경이지만, 조금만 더 나간 앞바다에서는 해저의 모래가 비교적 안정되어 있고, 또 해변에서 유기물입자가 밀려오기 때문에 동물의 현존량 (現存量)이 갑자기 많아진다. 일본의 구쥬쿠리(九十九里) 해변에서는 나사조개인 비단고동과 이매패인 민들조개가 이 유기물을 이용하여 고밀도의 개체군을 형성하고 있다.

개펄은 파도의 영향도 적고 저질도 안정되어 있기 때문에 생물의 종류나 그 현존량이 아주 높고, 또 썰물 때는 조개잡이 장소로서 인기가 높다. 이 개펄에 대해서는 앞의 24. 「개펄과 생물」을 참조하기 바란다.

❖ 해안과 인간의 활동

인간은 갖가지 방법으로 이들 해안과 접촉하고 있다.

수산면에서 본다면 암초로부터는 전복, 소라, 왕새우가, 물가에서는 비단고둥, 민들조개, 민무늬백합이, 또 개펄로부터는 바지락, 대합, 김 등이 곳곳마다 헤아릴 수 없을 정도로 많은 종류의 것이 잡힌다. 여가를 이용하여 해안에 나가는 사람들도 많은데 낚시, 해수욕, 조개잡이를 비롯하여 최근에는 서핑 (파도타기), 윈드 서핑, 스쿠버 다이빙 등 새로운 해양경기도 크게 발전하고 있다. 이와 같이 해안은 생물의 서식환경이나 어업면에서 뿐만 아니라, 인간생활 자체에서도 앞으로 그 중요성이 더욱 커질 것이다.

그러나 유감스럽게도 최근에는 자연해안이 급속히 줄어들고 있다. 우리 나라에서는 최근, 특히 서해안에 있어서, 항만과 호안(護岸) 등 인공적인 것으로서 매립과 항구 등의 호안공사가 증가되고 있고, 따라서 자연적인 해안은 점점 줄어들고 있다.

콘크리트 해안이나 블록 등의 인공적인 해안에서는 자연해안에 비교하여 생물의 종류수나 현존량이 상당히 감소되고 있다. 그 이유는 자연해안이 곶(岬), 해변, 전석(轉石), 타이드 풀, 구멍 등 거시적(巨視的)으로나 미시적(微視的)으로 변화가 큰데다, 해안선이 들쭉날쭉하고 또 수평적으로도 넓은데 비해서, 인공해안은 직선적이고 수직에 가까운 벽면이라서 공간의 변화나 해안으로서의 면적이 적기 때문이다.

어업생산량만 하더라도 그 양은 일반적으로 수심과 반비례 관계에 있다고 말하는데, 그것은 수심이 얕을수록 생산량이 높아지는 동시에 수산물을 획득하고 노력이 적어도 되기 때문이다. 그 때문에 수직적인 인공해안은 불리하게 된다. 또 시민들에게도 인공해안은 이용이 곤란하고, 공장이 생기거나 하면 출입이 금지되는 등 자연해안의 소실은 여러 면에서 큰 문제를 만들어내고 있다.

최근에는 개발에 의해서 잃어져 가는 해안을 보호하자는 시민의 운동이 일어나고 있다. 영국에서는 90년이나 전부터 아름다운 해안과 역사적인 문화유산을 땅 채로 사들여 보존하고 있는 내셔날 트러스트(National Trust)라는 민간단체가 있는데, 이 단체가 소유하는 해안선은 영국 전토의 1/8에 이르고 있다. 일본에서도 와카야마현(和歌山縣)의 다나베시(田邊市)에서는 약 10년 전부터 시민에 의한 해안선 매상운동이 추진되고 있다. 주민은 기본적으로 해안과 친숙할 권리를 가지며, 기업의 해안선 사유화에 반대하는 "입빈권 운동(入濱權運動)"이 추진되고 있다. 인간의 문화가 해안과 깊은 관계를 가지고 발전했다는 것을 생각한다면, 해안의 자연을 소중히 하여 장래에 남겨주는 일은 우리의 미래를 생각하는 위에서도 매우 중요한 과제라고 할 것이다.

26. 왼눈 넙치와 오른눈 가자미

❖ 물고기의 여러 가지 체형

어류는 그 체형에 따라 몇 가지 타입으로 나눌 수 있다. 우선 외양에 사는 참다랭이나 고등어, 연어 등의 어류는 방추형(紡錘型)을 하고 있고 가장 뛰어난 유영력(遊泳力)을 갖추고 있다. 동갈치나 창꼬치도 외양에 서식하며 뛰어난 유영력을 가졌는데, 이들의 몸은 길게 뻗어서 화살모양을 하고 있다. 해초에 덮인 해역이나 해저에서 사는 실고기나 뱀장어는 몸이 매우 길고, 횡단면은 거의 원형(円型)이어서 이른바 뱀모양(蛇型)을 하고 있다. 산갈치나 투라치의 몸도 매우 길게 뻗으며 양쪽으로부터 납작하게 짓눌린 혁대모양(帶型)을 하고 있다. 이것과는 반대로 복어는 거의가 구형(球型)이고, 가오리는 몸통의 등과 배쪽으로부터 납작하게 짓눌린 형태를 하고 있기에 편평형(偏平型)이라고 불린다. 같은 편평이라도 개복치, 쥐치, 넙치, 가자미 등은 몸통 좌우로부터 납작하게 짓눌린 형태를 하고 있어서 이것은 따로 **측편형(側偏型)**이라고 하여 구별하고 있다.

넙치나 가자미를 다른 물고기와 구별하기 위한 체형의 가장 뚜렷한 특징은, 넙치와 가자미에서는 두 눈이 몸의 좌우 어느 한쪽에 있다는 점이다. 두 눈이 있는 쪽은 유안측(有眼側)이라고 불리며, 체표면에는 색소(色素)가 침착되어 있으나, 눈이 없는 쪽, 즉 무안측(無眼側)은 색소의 침착이 약하고 흰색을 하고 있다. 넙치와 가자미류는 무안측, 즉 몸통의 왼쪽이나 오른쪽을 해저에 접촉시켜 생활하고 있다. 가오리류도 넙치나 가자미류와 마찬가지로 편평체형으로서 해저생활에 잘 조화하고 있지만, 가오리의 해저에 접하는 흰색의 체측(體側)은 진짜 복면(腹面)이다.

그러면 물고기의 왼쪽과 오른쪽은 어떻게 구별하는지 그 방법을 알아보자. 우선 물고기를 식탁의 접시 위에 얹듯이 머리를 좌로 하고 눈앞에다 뉘어둔다. 그리고 손 앞쪽으로 배지느러미와 꼬리지느러미, 항문이 오고, 저쪽 편으로 등지느러미가 가도록 생선의 방향을 잡는다. 그 때 눈앞에 보이고 있는 것이 물고기의 좌측이 된다.

❖ 넙치와 가자미의 변태

그림 1에서 보듯이 방금 부화한 넙치와 가자미의 치어는 머리의 우측과 좌측에 각각 한 개씩의 눈을 갖고 보통 방법으로 표층 근처를 헤엄쳐 다닌다. 그러나 그 후 한쪽 눈이 머리 뒤로 돌아가서 몸의 반대쪽으로 이동하고, 이 무렵부터 치어는 유안측을 위로 하여 해저에 가로눕게 되고, 눈의 위치는 그대로인 채로 성장해 간다. 대개의 경우 넙치는 좌측으로, 가자미는 우측으로 몸의 반대쪽에서부터 눈이 이동해 와서 두 눈이 형성되기 때문에 ｜넙치는 왼쪽 눈, 가자미는 오른쪽 눈」이라는 말이 생겼다.

생물이 발생하여 성장하는 모습은 그 종의 진화과정을 재현하는 것이라고 말한다. 따라서 넙치나 가자미가 변태(變態)한 상태로부터 이들 물고기의 오랜 세월에 걸친 진화과정을 다음과 같이 유추(類推)할 수 있다. 옛날에 넙치와 가자미의 조상은 몸통이 좌우상칭이고, 보통으로 헤엄치고 있었는데, 지금도 놀래기의 어떤 종류에서 볼 수 있는 것과 같이, 몸통 한쪽을 아래로 하여 휴식을 취하는 습성을 가지게 되었다. 그리고 이들 물고기는 그와 같은 자세로 쉴 뿐만 아니라, 눈을 사용하여 먹이를 잡아야 할 필요가 생기면서 차츰 눈의 위치가 변화해 간 것으로 생각된다.

서두에서 말한 것처럼, 물고기는 여러 가지 형태를 하고 있지만 그 거의가 좌우상칭이며, 넙치나 가자미는 좌우가 상칭이

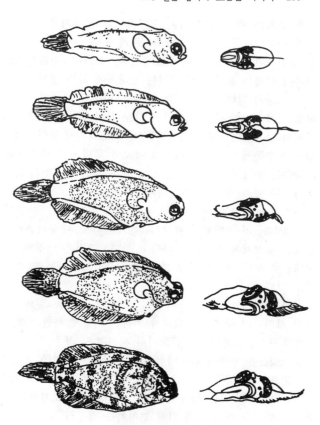

그림1 가자미 눈의 이동

아닌 예로서 매우 특이한 존재이다. 그러나 해저에 몸쪽을 접
하고, 다른 한쪽 면의 체표의 색소를 해저의 색조나 무늬처럼
변화하여, 먹이가 다가오기를 기다렸다 덤벼드는 습성을 가진
넙치에게는 두 눈이 동일한 측면에 있다는 것은 진화 끝에 획
득한 매우 편리한 형태라고 할 수 있을 것이다. 눈 외에도 넙
치와 가자미에서는 후각기관, 턱, 이, 근육, 지느러미, 비늘,
체색(體色) 등에서도 좌우가 상칭이 아니게 되었다.

❖ 넙치는 왼쪽, 가자미는 오른쪽이란 옳은가?

위에서 말했듯이 넙치의 눈은 두 개가 다 몸 왼쪽에, 가자미는 오른쪽에 달려 있는 것이 보통이다. 그러나 수많은 넙치나 가자미 중에는 눈이 보통 것과는 반대쪽에 있는 것이 발견되는 일도 드물지 않다. 이와 같은 좌우가 역전된 개체가 나타나는 비율은 물고기의 종류에 따라서 다른 듯하다. 그 중에는 같은 종류의 물고기이면서도 서식하는 해역에 따라서 눈이 오른쪽에 있거나 왼쪽에 있거나 한다. 그 예로서 북미·알래스카산 강도다리는 눈이 오른쪽에 있는 것이 보통인데, 일본산의 것은 거의가 왼쪽에 있다는 것이 알려져 있다.

재미있는 일로는, 예컨대 눈이 왼쪽에 있는 것이 보통인 물고기에서는, 좌우 역전의 이상(異常)개체라도, 내장기관의 배치관계는 정상개체와 다름이 없다고 한다. 그것은 내장의 위치는 변태, 즉 눈의 이동이 있기 전에 결정되어 있었다는 것을 가리키고 있다.

이와 같이 눈의 좌우에만 예외가 있어서 혼란을 일으키는 넙치와 가자미의 구별을 엄밀하게 하려면 어떻게 하면 될까? 그림 2와 같이, 일반적으로 물고기의 시신경은 좌우 두 개가 있고, 그것들은 뇌에서 나온데서 서로 교차하여, 왼쪽 시신경은 오른눈으로, 오른쪽 시신경은 왼눈에 도달해 있다. 그리고 교차하는 방법에는 우 시신경이 좌 시신경 위에 교차하는 경우와, 그 반대로 좌가 우의 위에 교차하는 경우의 두 가지가 있다. 보통의 물고기에서는 이 두 개의 교차방법이 반반으로 나타난다.

그런데 넙치와 가자미에서는 시신경의 교차방법이 한쪽으로만 정해져 있어서, 눈이 우에 있는 경우건, 좌에 있는 경우에서도 이동한 쪽의 눈의 신경이 위로 되어서 교차하여 있다. 따라서 넙치에서는 변태일 때에 우측 눈이 이동하는 것이 보통이므로 우 시신경이 위로 되고, 가자미에서는 반대로 좌 시신경이 위로 되어 있다. 다행하게도 이와 같은 넙치와 가자미 사이

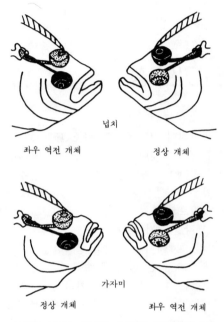

넙치

좌우 역전 개체 　　　　　　정상 개체

가자미

정상 개체 　　　　　　좌우 역전 개체

그림2　넙치와 가자미의 시신경의 교차방법의 차이

에서 볼 수 있는 시신경의 교차방법의 차이는, 좌우 역전의 물
고기에서도 다름이 없다. 그러므로 예컨대, 눈이 우에 있어야
할 것이 좌로 역전되어 있는 일본의 강도다리에서도 역시 좌 시
신경이 위로 되어 있으므로 가자미라는 것을 알 수 있다.

넙치와 가자미의 무리에는 이 밖에도 중가자미와 소서대의
유가 있는데, 이들의 시신경 교차방법은 보통 물고기와 같아서
두 가지가 같은 비율로서 나타난다. 그것은 이들 물고기의 진
화방법의 차이와 결부되어 있다고 한다.

이야기가 좀 복잡해졌지만, 몇몇 예외를 제외하면 왼쪽에 눈
이 있고 입이 큰 것이 넙치류이고, 오른쪽에 눈이 있고 입이
작은 것이 가자미류라고 보면 될 것 같다.

27. 물고기의 성

우리 인간을 비롯하여 척추동물은 난소(卵巢)를 갖는 암컷과 정소(精巢)를 갖는 수컷이 분명히 구별되며, 대부분은 외관상으로부터 쉽게 성(性)을 판별할 수 있다. 또 암수는 유전적으로 결정되어 있으며, 성장과정에서 또는 환경, 그 밖의 요인으로 암컷에서 수컷으로 또는 수컷에서 암컷으로 성전환을 하는 따위는 우선 생각할 수가 없다.

그런데 물고기의 세계에서는 간단히 성전환을 해 버리는 것이 적지 않다. 또 그 중에는 한 개체 속에 난소와 정소를 갖는 암수가 동거하고 있는 것도 있다. 물고기의 성은 어떻게 결정되며, 암수는 분화되는 것일까, 또 성전환은 어떤 구조로서 일어나는 것일까?

❖ 물고기의 성 결정

물고기 중에는 용치놀래기와 같이 암수에서 체색(體色)이 두드러지게 다른 것 또는 아귀류처럼 수컷의 몸이 암컷에 비해 극단적으로 작고, 수컷이 암컷의 몸에 기생하는 것과 같이 암수를 얼핏 보아서도 판별할 수 있는 종류도 있지만, 대개의 물고기는 구별이 안되며 다만 체내의 생식소(生殖巢)가 난소냐 정소냐로써 암수를 구별할 수 있다.

척추동물의 생식소는, 우선 발생 초기에 체강(體腔)의 등쪽이 융기하여 형성되기 시작하는데 이것을 생식융기(生殖隆起)라고 한다. 이 융기는 표층의 피질(皮質)이라고 불리는 부분과 내부의 수질(髓質)이라고 불리는 부분으로 갈라지고, 장래에 알이나 정자가 되는 원생식(原生殖)세포는 이 양자의 중간에 나타난다. 그리고 암컷의 경우에는 수질부분이 퇴화하고, 수컷일 경우에는 피질부분이 퇴화하여 난소와 정소로 분화·발달해 간다. 이에 비하여 물고기의 생식융기는 피질과 수질로 갈라져 있지 않고, 원생식세포는 생식융기의 표면을 감싸는 세포 안에서 나타나며, 암수에서 생식소의 구조상으로는 분화의 차이가 없고, 다른 척추동물에 비하여 단순하다고 할 수 있다.

그런데, 생식융기가 난소로 분화하느냐, 정소로 분화하느냐고 하는 성의 결정은, 성염색체(性染色體)의 조합에 따른다. 그러나 물고기의 성은 그다지 고정된 것은 아니며, 성호르몬을 공급함으로써 성염색체의 조합과는 다른 성을 발현(發現)시킬 수가 있다. 즉 물고기의 성결정에는 성염색체라고 하는 유전적인 요인 외에도 다른 요인이 필요한데, 이 요인이 되는 물질을 가령 「성 유도물질」이라고 부른다면, 유전자적으로 암컷의 것은 자성(雌性)유도물질의 작용이, 유전자적으로 수컷의 것은 웅성(雄性)유도물질의 작용이 첨가되어서 비로소 생식융기가 난소나 정소로 분화·발달하는 것이다. 이 성 유도물질의 본체는 아직 밝혀지지 않았으나, 최근의 연구로부터 생식융기의 세포로부터 분비되는 성호르몬과 비슷한 물질일 것이라고 말하고 있다.

❖ 성장과정에서 성이 바뀌는 물고기

감성돔은 태어나서 세 살쯤까지는 수컷으로서의 정소를 가지며 정자를 만들고 있다. 이 시기의 생식소를 자세히 조사해 보면, 생식소의 대부분을 차지하는 정소의 조직 사이에 난소의 조직도 볼 수 있다. 물론 이 난소는 미발달 상태로서 난형성(卵形成)은 하고 있지 않다. 세 살을 넘을 무렵이 되면, 어떤 것은 정소가 퇴화하기 시작하고 그 대신에 난소가 발달하여 생식소의 대부분을 차지하게 된다. 또 어떤 것은 난소부분이 완전히 퇴화하고, 정소만으로서 되는 생식소를 갖게 된다. 즉 감성돔에서는 세 살쯤까지는 기능적으로 수컷이지만, 생식소로 보면 난소와 정소가 동거하는 암수동체(雌雄同體)인 것이다. 이와 같이 정소부분이 먼저 발달하여 기능하는 것을 웅성선숙(雄性先熟)이라고 부르고, 같은 형식의 물고기에 앨퉁이와 양태의 무리가 포함한다.

한편 이것과는 반대로 처음부터 암컷으로서 난소가 발달하고 후에 정소가 발달해 가는 것을 자성선숙(雌性先熟)이라고 부른다. 용치놀래기, 황돔, 드렁허리 등의 물고기가 이 형식에 포함된다. 또 능성어 무리는 난소와 정소가 동시에 발달하고 알과 정자의 양쪽을 다 만드는 완전한 암수동체의 물고기로서 알려져 있다.

❖ **사회관계로 변화하는 참색놀래기의 성**

참색놀래기는 「바다의 청소꾼」이라는 별명이 있듯이 다른 물고기의 피부나 입 속에 붙은 기생충을 먹고 사는 물고기인데, 무척 재미있는 성전환을 한다.

이 물고기는 보통, 한 마리의 수컷을 중심으로 하여 3 ~ 6

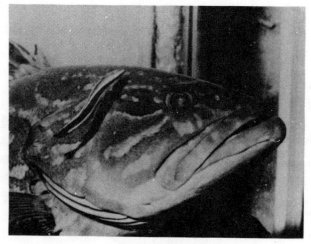

사진1 참색놀래기류

마리의 암컷과 몇 마리의 미성숙 유어로써 구성되는 그룹을 만들고 있다. 수컷은 몸집도 크고 다른 암컷들을 거느리며 자기 영역을 형성하고 있다. 암컷 중에도 서열이 있어서 몸집이 큰 것이 우위에 선다. 수컷은 매우 활동적이며 늘 자기 세력권을 헤엄쳐 다니며, 암컷들에게 자신의 존재를 시위하는 것을 잊지 않는다. 그런데 이 그룹의 지배자인 수컷이 죽으면, 암컷 중에서 가장 큰 것이 수컷으로 성전환을 하여 그 후계자가 되는 것이다. 물론 다른 그룹의 수컷이 침입해 오는 수도 있다. 이 경우에는 이 암컷이 과감하게 침입자와 대항하여 수컷을 쫓아낸다. 무사히 격퇴했을 경우에는 당당히 수컷으로 변신하고, 반대로 패했을 경우에는 다시 암컷으로서 살아가게 된다.

오스트레일리아의 그레이트 배리어 리프에 서식하는 참색놀래기를 조사한 바, 수컷이 죽고 30분 후에 우위의 암컷이 공격적인 행동을 보이기 시작하여 1.5~2시간 후에는 주위의 다른 암컷에 대해 수컷다운 행동을 하게 되었다. 또 수시간 후에는 세력권 주변까지 헤엄쳐 다니게 되고, 하루가 지나자 암컷에 대해 사랑을 구하는 행동도 보이게 되었다. 그리고 2~4일에는 완전한 수컷으로 변화했다고 한다.

암컷의 성전환은 반드시 수컷의 죽음에 의해서만 일어나는 것은 아니다. 몸집이 큰 암컷이 세력권 구석에 있고 수컷의 눈이 닿지 않는 경우에도 일어나는 수가 있다. 수컷으로부터 항상 압력을 받고 있지 않으면 체력이 강한 암컷은 수컷으로 성전환을 하여 버리는 것이다.

그런데 외관상으로 수컷이 되어 버린 암컷은 과연 기능적으로도 완전한 수컷이 되는 것일까? 수컷으로 성전환한 것을 해부하여 생식소를 조사해 보니, 수컷다운 행동을 보이기 시작한 지 14~18일에는 정소는 정자를 만들고 방정(放精)도 할 수 있는 상태가 되어 있었고, 기능적으로도 완전한 수컷이 되어 있었다.

한편, 암컷의 생식소를 조사해 본즉 대부분은 난소로 차지되어 있지만 정소부분도 어김없이 있으며, 암컷은 잠재적으로 항상 수컷으로 성전환이 가능하다는 사실을 알 수 있었다.

참색놀래기의 사회에서는 몸집이 큰 암컷은 수컷으로부터, 다른 암컷은 수컷이나 우위에 있는 암컷으로부터 늘 압력을 받고 있으며, 이 압력으로부터 해방되는 것이 방아쇠가 되어 수컷으로의 성전환이 시작되는 것이다. 즉 그룹 중에서 가장 강한 것이 수컷이 되는 것인데, 이것은 우수한 유전형질(遺傳形質)을 후대에 남겨 준다는 점에서는 매우 뛰어난 사회구조라고 할 수 있다.

❖ 수컷이 없어지면 수컷이 된다

꽃돔도 이것과 비슷한 성전환을 하고 있다. 이 물고기는 암초나 산호초에서 떼를 지어 생활하는 10 cm 정도의 아름다운 물고기다. 홍해에서 조사된 꽃돔은 암컷이 붉은 기가 감도는 오렌지색으로 허리통이 황색이며, 수컷은 전체적으로 보라기가 감도는 붉은 색을 하고 있어 체색으로부터도 금방 암수를

사진2 꽃돔의 무리

판별할 수 있다. 이 물고기는 100~수천 마리의 떼를 짓는데, 이 떼 속에 수컷은 몇 마리 밖에 없다.

어떤 실험에서는 암컷 20마리를 한, 두 마리의 수컷과 함께 수조에서 사육하면, 그대로는 성전환을 하지 않으나 수컷을 수조에서 제거하면 1~2주간 후에는 암컷 중 한 마리의 체색이 수컷의 것으로 변화하고 행동도 수컷다워졌다. 또 그 수컷을 제거하면 다른 암컷이 수컷으로 되듯이, 수컷을 제거함으로써 차례로 성전환을 일으킬 수가 있었다. 이리하여 1년간에 20마리의 암컷을 모조리 수컷으로 성전환을 시킬 수가 있었다고 한다. 이 실험에서 수조를 유리판자로 구획하고 수컷과 암컷을 격리하기만 해서는 성전환이 일어나지 않았기 때문에, 꽃돔에서는 수컷의 모습이 보이느냐, 보이지 않느냐에 따라서 성전환이 조절되고 있다는 것을 알았다.

성전환 시스팀과는 다르지만 어느 쪽이든 간에 매우 약한 치어기를 거치는 이들 물고기에는, 알을 만드는 암컷이 많은 편이 보다 많은 자손을 남기는데 편리할 것은 사실이다. 종족의 유지를 위한 교묘한 메커니즘이라고 할 수 있을 것이다.

28. 해파리와 물고기

❖ **사람과 해파리**

스스로는 별로 헤엄쳐 다닐 힘도 없이, 수계(水界) 속을 떠돌아다니는 생물, 즉 플랑크톤이라고 불리는 것 중에서도 해파리는 가장 크게 되는 동물이다. 작은 종류의 것은 1~2mm 밖에 안되어 현미경의 힘을 빌어야만 보이는 것도 있지만, 큰 것으로는 이른바 일본에서 월전해파리로 불리는 것처럼 지름이 2m, 무게가 400kg 나 되는 종류가 있다.

해파리는 예로부터 식용으로 되어 왔다. 식용으로 되는 것은 일본에서 비전해파리, 월전해파리로 불리는 것이 주이고, 전자는 일본에서 후자는 특히 중국에서 애용되며 일본이나 한국에도 상당한 양이 수입되고 있으며, 식초무침, 냉채 등에 많이 사용되고 있다.

해파리는 식용 외에 낚시미끼로도 이용된다. 월전해파리는 동해연안 일부 지방에서는 돔낚시의 미끼로 사용되고, 비전해파리는 세도내해(瀨戶內海) 지방에서 쥐치낚시의 미끼로 사용되기도 한다.

이같이 해파리는 인간에게 유익한 종류도 있지만, 또 해파리 중에는 독이 있는 자세포(刺細胞)를 가진 종류도 많아 이 점에서는 예로부터 크게 두려워 하고 있다.

특히 속칭 "전기해파리"라고 불리는 투구해파리가 유명하며, 여름철의 태평양 연안에 자주 나타나서 해수욕객에게 피해를 끼치고 있다. 이 해파리는 만두같은 꼴의 투명한 비닐같은 기포체(氣胞體:부레)를 수면 위로 떠올려 넓은 대양에서 바람부는대로 떠돌아다니는 생활을 하고 있기 때문에, 남풍이 계속적으로 불어오고 있을 때는 태평양 연안의 해수욕장에 한꺼번에 몰려와서 해수욕객들을 울리기도 한다. 바람이 센 날에는 해변의 모래사장까지 밀려 올라오기 때문에 맨발로 밟거나 하여 뭍에서도 해파리에 쏘여서 상처를 입는 수가 있다.

이 해파리의 자세포는 부레밑에 길게 2m나 되는 코발트 청색의 더듬이에 있으며, 이것에 닿아서 목숨을 잃은 사람도 있을 만큼 맹렬한 것이다. 현재로는 이 해파리에 찔려도 암모니아수를 바르거나, 알콜로 해독하거나 또는 강심제를 맞거나 하는 정도의 치료방법 밖에 없다. 늦여름철에 해수욕객이 줄어드는 것은 태풍에 의한 높은 파도 때문이기도 하지만, 지방이나 사람에 따라서는 이 해파리가 많아지기 때문이라고도 한다.

이 밖에 통해파리, 붉은해파리, 갈퀴손해파리 등이 잘 쏘는 해파리로 알려져 있다.

또 해파리의 피해는 쏘기만 할 뿐 아니라 월전해파리의 대군이 밀어닥쳐 정치망(定置網)이 유실되거나, 대량으로 모여있는 곳을 자칫 저인망을 끌고 가다가 그물이 찢어지는 등 어업피해도 이따금 일어난다. 보통 연안에서 흔히 볼 수 있는 연푸른 물해파리는 때때로 크게 발생하여 화력발전소 등의 냉각수를 끌어들이는 데에도 지장을 가져오게 하여, 한 번의 출현으로 수억 원의 피해를 입는 일도 있다. 어쨌든 이 해파리는 제1차 산업에서부터 제3차 산업에까지 골고루 피해를 끼치고 있다.

❖ 물고기와 해파리

인간에게는 그 이득과 해가 반반씩이라고 할 수 있는 해파리도 바다 속에서는 여러 가지 생물과 연관을 맺고 있다. 특히 맛이 좋기로 이름난 병어는 까나리의 부시리나 샛줄멸, 오징어 등으로도 낚여지는 일이 있지만, "해파리 단골"이라 할 만큼 해파리를 전적으로 잡아먹는다.

병어를 바다에 띄워놓은 생채(生簀)로 사육하여 야간에 등불을 켜서 관찰한 바로는, 해파리에 대해서만 포식행동(捕食行

動)을 하였고 특히 맛도 없을 것 같은 물해파리를 즐겨 먹는다는 보고가 있었다. 어떤 연구에 의하면 체장 30 cm 전후의 병어의 성어는 하루에 약 1kg의 해파리를 잡아먹는다고 한다. 거의가 수분뿐인 해파리를 주식으로 하여 어떻게 병어같은 맛있는 물고기가 되는지 이상한 일이다.

또 수족관에서의 장기 사육기록이 화제거리로 되어 있는 개복치도 해파리의 포식자로서 유명한 물고기다. 이 물고기는 체장 2m, 무게 1톤 이상이나 되며, 어류 제일의 3억이나 되는 알을 낳는 등 하여튼 화제가 많은 물고기인데, 꼬리지느러미가 퇴화한 탓인지 가로로도 또 세로로도 되었다가, 위로 향했다가 아래로 향했다가 하며, 해면에 두둥실 떠오르는 등 제나름의 생활을 즐기고 있다. 이 물고기의 위에 담긴 내용물을 조사한즉 전갱이의 치어와 정체불명의 연체류도 볼 수 있지만 역시 해파리가 많은 것 같다. 앞서 말한 병어가 날마다 자기 체중만한 양의 해파리를 잡아먹고 있다면, 같은 해파리의 포식자인 개복치의 큰 것은 실로 하루에 1톤의 해파리를 잡아먹고 있다는 계산이 된다.

개복치의 진미는 어촌에서 유명하다. 좀처럼 잡혀지지 않는다는 점도 있겠지만 머리부분의 연골, 껍질, 위, 장 등 어느 하나도 버릴 데가 없는데다, 맛이 담백하고 연한 오징어 같은 살과, 짙은 맛을 지닌 간은 더구나 별미여서, 이따금 잡혀도 어촌에서 처분될 뿐 도시의 생선가게까지 나돌아다니는 일은 거의 없다.

이 밖에도 해파리를 즐겨 먹는 물고기로는 연어병치, 샛돔, 갈전갱이 등이 알려져 있다. 또 주식은 아니지만 대부분의 어종의 소화관에서 해파리를 볼 수가 있다. 이것과는 반대로 해파리에게 잡혀 먹히는 물고기도 많다. 특히 알이나 치어시절의 희생자가 두드러지며, 빨려 들어가거나, 자세포에 쏘이거나. 빗살해파리의 점액에 묻거나 하여 포식되기도 한다.

❖ 해파리와 공생하는 물고기

　물고기와 해파리의 관계는 잡아먹고 먹혀지는 관계일 뿐만 아니라 " 공생관계 "에 있는 물고기도 있다. 강렬한 독을 지닌 투구해파리 밑에는 이따금 몸길이가 10 수 cm 정도밖에 안되는 모자돔이라는 작은 물고기가 살고 있다. 이 물고기는 해파리의 독에 대해서는 어떤 면역을 지니고 있기 때문에 거기에 기생하여 보호를 받으면서, 다른 작은 물고기를 꾀여들여 해파리에게 이득을 주고 있는 공생(共生)의 사례로서 많은 책들에 소개되어 있다.

　그러나 자세히 관찰해 보면 모자돔은 더듬이 사이로 큰 배지느러미를 폈다 접었다 하여 헤엄치면서, 이따금씩 이 해파리의

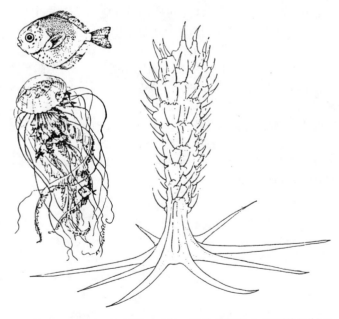

그림1　해파리의 더듬이 사이를 유영하는 샛돔의 일종(좌)과 해파리의 포식으로 특수화한 식도이빨(食道齒 : 우)

부레 바로 밑에 있는 영양체를 뜯어먹고 있는 것을 볼 수 있다. 해파리가 얻는 이득은 이 물고기가 다른 물고기를 유인해다 주는 것이라고 말하지만, 모자돔보다 작은 물고기는 이 물고기가 두려워서 다가오지 않을 것이고, 큰 물고기는 설사 더듬이에 닿았다고 하더라도 더듬이가 약해서 큰 물고기가 사납게 굴면 도리어 더듬이가 끊어져 버릴 터이므로, 해파리에게 큰 소득이 있을 것 같지 않다. 그러므로 공생이라고 생각하기는 어렵다. 해파리가 얻는 소득이 무언가 다른 것이 있는지는 몰라도, 현재로서는 오히려 "기생(寄生)"이라고 보는 편이 나을른지 모른다. 해파리를 주식으로 삼는 물고기의 대부분이 이 모자돔과 같은 샛돔류라는 것에서도 이 추론은 그리 크게 틀리지는 않을 것이다.

또 이 모자돔도 때로는 더듬이에 지나치게 자극을 주거나 하여 도리어 이 해파리의 강력한 스프링장치에서 튀어 나오는 독침에 역습을 당하는 수도 있다고 한다.

이 밖에 해파리고기, 물룽돔 등의 샛돔류 외에도 대구, 명태, 임연수어, 방어, 전갱이, 만새기 등도 자주 해파리의 삿갓 밑에 도사리고 있는 것이 알려져 있다.

바다 속에는 각종 생물이 살고 있다. 인간에게는 아무 도움도 안될 것 같은 생물이라도, 바다 속에서는 은닉처가 되기도 하고, 포식자나 피포식자가 되거나 하여 서로가 깊은 관계를 가지면서 살아가고 있는 것이다.

29. 상어의 무리

영화 「Jaws」에서 악한의 자리를 단단히 굳혀버린 상어에는 진화에서 처져버린 바다의 괴물이라는 이미지가 따라붙는다. 물론 고대의 모습을 그대로 유지하고 있는 종류도 있지만 대부분은 여러 가지 방법으로 자연에 적응해 온 생물의 한 무리로서 결코 괴물은 아니다.

상어는 현재 세계에서 350종, 일본 근해에도 100여 종이 서식하고 있다. 이들은 가오리 등과 마찬가지로 골격이 연골(軟骨)로 되어 있으므로 연골어류에 포함된다. 상어는 이 밖에도 이빨과 같은 구조를 한 순린(楯鱗 : 방패비늘)이라고 불리는 비늘을 가졌고 부레가 없으며, 배지느러미가 변화한 교접기(交接器)를 가진 점 등 경골(硬骨)어류와는 다른 특징을 몇 가지 갖추고 있다.

상어무리에는 기묘한 형태를 한 종류와 흥미로운 생태(生態)를 가진 것이 적지 않다. 여기서는 상어의 기이한 종류, 진귀한 종류, 다양한 번식생태 등을 중심으로 소개하기로 한다.

❖ 상어의 기이하고 신기한 종류

상어는 3억　　　　년 전의 데본기에 나타난 클라도셀라케(Cladoselache)를 조상으로 하여 1억 5천만 년 전인 쥬라기에 현재의 상어의 원형이 만들어진 것으로 생각되고 있다. 그리고 이 시대의 모습으로부터 거의 변화없이 오늘날까지 살아오고 있는 것이 괭이상어이다. 이 상어는 일본 연안에도 많이 살고 있고 수족관에서도 흔히 볼 수 있는 봄부터 여름철에 걸쳐서 나선모양으로 감겨진 난각(卵殼)에 들어가서 알을 낳는 온순한

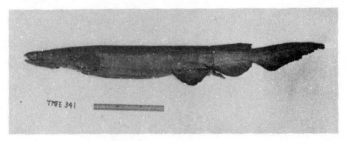

사진1 도마뱀상어

상어다.

도마뱀상어는 살아 있는 화석(化石)이라고 불리며(사진1) 클라도셀라케와 형태가 흡사하고, 꼬리지느러미의 상엽(上葉)과 하엽의 구별이 분명하지 않으며, 측선(側線)도 도랑모양(溝狀)을 하고 있는 등 원시적인 특징을 지니고 있다. 몸길이는 2m 정도밖에 안되나, 도마뱀을 연상하게 하는 얼굴은 매우 으시시한 느낌을 준다. 알을 어미의 태(胎)안에서 부화하여 키우는 생식양식(胎生)을 취하는데 그 생태에 대해서는 아직 잘 모르고 있다.

코끝이 뾰족하게 튀어나온, 마치 마귀와도 같은 상어가 있다. 마귀상어라고 하여 영어이름은 goblin shark 즉 마귀이다. 온몸이 회갈색을 띠고 있어서 영락없이 헤엄치는 마귀같은 꼴을 한 상어이다. 이것도 일본의 특산종인데 지금까지 일본의 사가미만(相模灣), 스루가만(駿河灣), 쵸시(銚子)외양, 구마노나다(熊野灘) 등에서 잡히고 있다. 생태에 대해서는 전혀 알려진 것이 없으나 인도양의 수심 1400m의 심해에서 절단된 해저케이블에 이 상어의 이빨이 꽂혀 있는 점으로 보아 심해에 꽤 널리 분포해 있을 것으로 생각되며, 몸길이는 5m쯤이 된다.

그런데 기이한 형태를 한 상어로서 첫 번째로 들 수 있는 것은 귀상어일 것이다. 그 이름처럼 머리가 양쪽으로 튀어나와 마치 절간에서 종을 칠 때에 쓰는 막대기(撞木)와 같은 형태를 하고 있는데서 말미암은 이름일 것이다. 어떻게 하여 이런 형태가 되었는지 분명하지 않으나, 이 머리는 유영 중에 상승, 하강할 때의 방향잡이 키로서의 역할을 한다. 또 머리 양끝에 붙어 있는 눈은 그 간격이 넓기 때문에, 다른 종에 비해 양눈의 시야가 넓고 몸길이는 3~4 m이다.

환도상어는 꼬리지느러미의 상엽이 극단적으로 긴 상어이다. 몸길이는 2~3m인데 몸길이와 같은 길이의 꼬리지느러미를 가졌으며, 이 긴 꼬리지느러미를 교묘하게 사용하여 먹이사냥을 하는 것으로 알려져 있다. 고기떼를 발견하면 꼬리지느러미로 해면을 두들겨 위협하여 물고기를 한 곳으로 모아놓고 덤벼든다. 때로는 꼬리지느러미로 직접 물고기를 두들겨 눕히는 수도 있다고 한다.

❖ 큰 상어, 작은 상어

큰 상어의 대표적인 것은 고래상어와 돌묵상어일 것이다. 고래상어는 몸길이가 18m나 되는 현재 살아 있는 것으로는 제일 큰 물고기다. 각 대양의 열대부에 있는데, 6~9월에는 구로시오(黑潮)를 타고 북상하여 일본 근해에도 나타난다. 이 상어와 함께 흔히 가다랭이떼가 발견되기 때문에, 가다랭이 어선은 이 상어를 목표삼아 가다랭이를 찾는다고 한다.

고래상어 다음으로 크기를 자랑하는 것이 돌묵상어인데, 이 상어도 몸길이가 15m나 된다. 1977년에 세상을 떠들석하게 했던 뉴질랜드 앞바다에 있었던 괴물의 정체가 사실은 돌묵상어였다고 하여 온통 유명해졌는데, 이 상어는 한해성(寒海性)이어서 이른 봄에 일본 연안에도 자주 나타난다. 이 상어는 주둥이가 뾰족하고 우둔하다 하여 영어이름으로는 Basking shark, 즉 양지 바른데서 햇볕을 쬐고 있는 상어, 해면에 멍청하게 떠 있는 일이 많은 상어라고 한다.

그런데 고래상어나 돌묵상어에는 이빨이 없다. 그들은 아가미에 달린 새파(鰓耙 : 아감딱지)라는 여과장치로서 플랑크톤을

사진2 마귀상어

걸러 먹고 있으며, 몸집은 크나 해를 가하지 않는 온순한 상어다.

상어라고 하면 흔히 큰 것을 생각하기 쉽지만, 그 중에는 손바닥에 얹혀질 만한 작은 상어도 있다. 난장이상어가 그것의 대표적인 것으로서 10 ~ 15 cm에서 성숙하는데, 기껏 25 cm 정도밖에 안 된다. 수심 300m쯤의 심해에서 살며, 성숙한 상어만큼 날카로운 이빨을 가진 육식성 상어이다.

❖ 상어의 번식

상어는 경골어류와는 달리 어느 종류나 수컷이 교접기를 가졌으며 교미에 의한 체내 수정을 하는데, 그 번식법은 종류에 따라서 매우 다양하게 분화되어 있다.

상어의 번식법은 난생(卵生)과 태생(胎生)으로 대별된다. 괭이상어, 복상어, 두룹상어 등은 난생이고, 콜라겐질의 두꺼운 난각에 감싸인 수정란을 낳는다. 난각에는 두룹상어의 것처럼 네 구석에 덩굴모양의 돌기가 있어서 해조 등에 감겨 붙는다. 상어새끼가 난각을 깨뜨리고 헤엄쳐 나가는데는 반년에서 1년

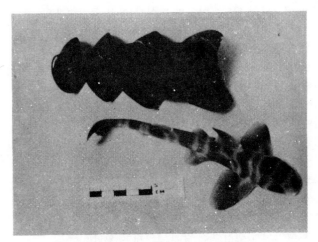

사진3 부화한 괭이상어의 유어와 난각(卵殼)

이 걸리는 것 같다.

한편, 대부분의 상어는 태생으로서 수정란을 어미의 체내에서 부화한다. 암컷의 수란관(輸卵管)은 후반부가 불룩해져서 자궁이 되는데, 이 자궁 안에서 부화한 태아를 자립할 수 있을 때까지 양육한다. 자궁 안에서 태아를 기르는 방법에는 다음과 같은 세 가지 방법이 있다.

첫째 방법은 태아와 어미 사이에는 태반(胎盤)과 같은 조직적인 연결이 없고, 태아는 자신의 난황주머니 속의 난황을 주된 영양원으로 하여 성장하는 것, 이른바 난태생(卵胎生)에 해당하는 번식방법이다. 돔발상어, 까치상어, 별상어, 전자리상어 등에서 볼 수 있으며, 임신기간은 돔발상어가 2년, 까치상어와 별상어 등은 약 1년이라고 한다.

이것에 대해 백상어, 귀상어, 청새리상어, 흉상어 등은 훌륭한 태반을 만든다. 상어의 태반은 태아의 난황주머니와 자궁벽이 밀착하여 형성되며, 태반을 구성하는 난황주머니의 상피(上皮)와 자궁벽의 상피가 얇아져서 두 상피 밑을 흐르는 혈류가 밀착되게 된다. 어미와 태아 사이의 물질교환은 두 상피를 사이에 둔 혈류 사이에서 이루어지며, 이들 상어의 임신기간은 모두 약 1년이다.

상어의 태생에는 매우 흥미로운 태아 육영법이 있다. 이것이세째번 방법인데 악상어, 청상아리, 환도상어, 흰악어상어, 강남상어 등에서 볼 수 있는 「식란형(食卵型)」이라고 불리는 방법이다. 이들 상어의 어미는 임신 중에도 배란을 계속하며, 태아는 자궁 안으로 떨어져 오는 이들 알을 먹고 성장하는 것이다. 때로는 성장이 늦은 태아를 다른 태아가 먹어 버리는 일도있으며, 몸길이가 30 cm 정도인 흰악어상어의 태아의 위 속에서 15 cm 정도의 태아가 나왔다는 보고도 있다. 어미 배 속에 있을 때부터 냉엄한 생존경쟁의 세례를 받고 있는 셈인데, 이들 상어도 임신기간은 약 1년이라고 한다.

어느 생식방법에서건 상어새끼는 성어에 가까운 상태로 태어나고, 가장 약한 치어시절을 어미의 몸이나 난각으로써 외적(外敵)으로부터 보호되고 있다. 이와 같은 생식방법을 몸에익힌 것이 상어가 고대로부터 오늘날까지 변함없이 번영하고있는 이유의 하나일른지도 모른다.

❖ 먹이를 전기로서 탐지

상어는 미약한 전위차(電位差)를 감지할 수 있고 먹이를 시각이나 후각 외에도 전기감각을 사용하여 찾아낸다고 한다.

상어의 머리부분에는 로렌치니 기관(Lorenzinis ampulla)이라고 불리는 무수한 작은 구멍이 있다. 이 작은 구멍에는 젤리같은 물질이 가득 차 있고, 작은 구멍 끝은 신경세포와 연결되어있다. 최근에 이 기관이 전기수용기(電氣受容器)라는 것과 아주미약한 전위변화를 감지할 수 있다는 사실을 알았다. 미국에서실시한 실험에서는 모래에 묻어둔 살아 있는 생선미끼에 대해서, 상어는 10~15 cm로 접근하면 망서리지 않고서 덥썩 습격한다. 또 한천으로 미끼를 덮어두고 모습이나 냄새를 차단하더

라도 역시 10~15 cm로 접근하게 되면 어김없이 먹이를 습격
한다. 그런데도 살코기를 썰은 먹이나 살아 있는 먹이라도 폴
리에틸렌의 얇은 판자를 덮어서 생체전기(生體電氣)를 차단해
버리면 반응을 하지 않게 된다.

예컨대 두 개의 전극을 준비하여, 반지름 24~30 cm 범위
에서 5nV/cm(nV : 나노볼트, 1 nV = 10^{-9} V)의 전위차를 만든다.
그러면 다가온 상어는 전극을 물어뜯는다. 또 전극 사이에 물
고기의 에키스를 발라두어도 80%는 전극을 물어 뜯는다고 한
다. 이와 같은 실험은 별상어나 청새리상어로 하였는데, 어느
실험에서도 5nV/cm라는 미약한 전위차를 감지할 수 있었다고
한다. 아마도 시각이나 후각을 사용하여 먹이에 접근하고, 마
지막에는 생체전류를 감지하여 먹이에 덤벼드는 것인가 보다.

❖ 고급 화장품의 원료 ── 스퀼린

상어는 인류에게 해만 끼치는 것은 아니며 훌륭하게 공헌도
하고 있다.

고급 중화요리로 치는 상어지느러미로 만든 스프가 있다. 상
어지느러미는 흉상어, 청새리상어, 청상아리 등의 지느러미에
포함된 힘줄(筋糸)이라고 불리는 섬유질이다. 또 상어고기는
어묵의 재료가 되기도 하고 포로 뜨거나 산적으로 해서도 먹는
다. 이탈리아에서는 고급 레스토랑의 메뉴의 하나로 되어 있
다.

그런데 상어로부터 고급 화장품의 원료가 얻어진다는 사실을
알고 있을까? 상어의 간유(肝油)에 함유된 스퀼린(squalene)
이라는 불포화 탄화수소는 크림이나 유액(乳液)으로 사용되어
여성의 살갗을 곱고 매끈하고 윤기있게 만든다고 한다. 이것은
남상어 등 심해성 상어에 많이 함유되어 있다. 「상어 살갗」
따위로 살갗이 거치른 것의 대명사로 불리는 상어가 아름답고
고운 살갗을 만드는데 크게 공헌하고 있다는 것은 매우 아이
러니컬한 일이기도 하다.

30. 뱀장어의 고향

❖ **강정 · 영양식품으로서의 뱀장어**

뱀장어는 예로부터 강정(强精) · 영양식품으로서 유명하다.

뱀장어는 한국은 물론, 일본이나 중국에서도 즐겨 먹고, 멀리 이탈리아, 스페인, 독일, 스웨덴, 덴마크, 영국 등에서도 별미로 상미(賞味)되고 있으며, 특히 스페인의 새끼뱀장어 요리가 유명하고 또 이탈리아에서도 스프나 구이, 마리네이드(marinade) 등으로 크리스마스 이브에 즐겨 먹는 습관이 있다고 한다.

❖ **유럽 뱀장어의 산란장**

일본에서는 뱀장어의 연간 총 소비량이 10만 톤이나 된다고 하는데, 이토록 즐겨 먹는 뱀장어도 그 생활사(生活史)가 어떠한 것인지에 대해서는 잘 알려져 있지 않다.

유럽의 뱀장어도 오랫동안 산란장이 어디인지를 알지 못했고 하물며 유어의 생태도 모르고 있었다. 이 때문에 버들잎같은 모양을 한, 거의 무색 투명한 뱀장어의 유생(幼生)을 발견했던 독일인 카우프는 다른 종류의 물고기로 착각하고, 그가 만든 뱀장어류의 목록(1856년)에는 레프트케팔루스(Leptocephalus)라고 기재했을 정도였다.

그 후 1896년에 이탈리아인 그라씨(G. B. Grassi) 등은 이탈리아반도와 시칠리아섬 사이의 메시나(Messina) 해협에서 수많은 엽형유생(葉形幼生)을 채집하고, 이것을 사육하여 뱀장어의 유생이라는 사실을 밝혀냈다. 몇몇 개복치의 위 속에서도 채집되었다는 보고가 있는 것으로 보아 상당히 고생했던 흔적을 엿볼 수가 있다.

한편 이것이 일본에서였더라면, 옛부터 붕장어의 레프트케팔
루스유생이 세도우치(瀨戶內)나 고치(高知) 등에서 다량으로 잡
혀지고, 지방마다 여러 가지 방언으로 불리우고 있을 만큼 식
용으로도 애용되고 있는 터이므로, 엽형유생을 보기만 했더라
면 신종 물고기인지 어떤 것의 유생인지를 금방 알 수 있었을
것이다.

유럽 뱀장어의 산란장을 밝혀낸 사람은 덴마크의 슈미트(J.
Schmidt)이다. 그는 1904년에 아이슬란드와 노르웨이 중간에
있는 페로 제도 부근에서 대구와 청어의 알과 치어를 조사하다
가 77mm의 레프트케팔루스를 채집한 것이 계기가 되어 뱀장
어의 조사에 열중하였는데, 동으로는 이집트, 서로는 아메리
카, 남으로는 케이프 베르데제도, 북으로는 아이슬란드까지
정력적인 조사를 강행하여, 1만 마리의 유생을 채집했다. 그
리고 마침내 6mm라는 생후 얼마 안 된 유생을 미국 외양의
사아갓소(Sargasso)해에서 발견하고 여기가 산란장이라고 19
22년에 학회에서 발표했다. 또 이와 동시에 유럽뱀장어와는
별종인 아메리카뱀장어의 산란장도 이 근처라는 사실을 발견했
다.

❖ 뱀장어의 산란장

한편, 일본뱀장어는 그 산란지가 어디일까?

이것에 대해서는 도쿄(東京) 수산대학의 마쯔이(松井魁) 교
수들에 의해서 조사가 실시되어 오키나와현 미야코섬(沖繩縣宮
古島) 앞바다의 류큐(琉球)해구 해역일 것이라고 추정되었다.
그 후에도 조사가 계속되어 대체로 이 해역 부근일 것이라는
것을 알았다. 하기는 앞서 말한 슈미트도 그 후에 실시한 일
련의 조사결과로 일본뱀장어의 산란장이 이 해역 부근일 것이
라고 추정하고 있었던 것 같다.

1973~1975년에 걸쳐서 일본 도쿄(東京)대학의 조사선 「하

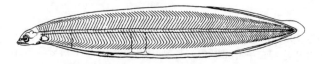

그림1 일본산 뱀장어의 레프트케팔루스(전장 48.4mm)

쿠호마루(白鳳丸)」에 연 80명의 전국 전문가를 동원하여 세 번
에 걸친 조직적인 조사·연구가 실시되었다. 그 성과는 매우 컸
으며, 이 해역에서 55마리의 레프트케팔루스와 한 마리의 뱀
장어형으로 변태가 완료된 뱀장어의 유생을 채집하여 확증을
더해 주고 있다. 그러나 슈미트가 채집한 것과 같은 소형 유생
은 아직껏 확인되지 않았으며, 일본산의 것에서는 가장 작은
것도 47mm여서 결정적인 단안을 내리기까지에는 이르지 못
하고 있다.

이 연구의 중심인물 중의 한 사람인 다베다(多部田修)는 일
본뱀장어의 연구는 이제 막 시작되었을 뿐이라고 말하면서 이
와 같은 조직적인 조사·연구가 필요하다고 역설하고 있다. 덴
마크에서는 국가가 적극적으로 지원하여 슈미트의 숙원이 성취
되었던 것인데, 일본뱀장어종의 독특성에 기인하는 곤란성도
있기는 하겠지만, 연구자가 많은 반면 이 방면의 연구가 큰 진
전을 보이지 못하고 있는 것은 안타까운 일이 아닐 수 없다.

❖ 뱀장어의 인공부화

이 산란장 탐사에서는 세계에 뒤지고 있었던 일본이, 뱀장어
의 인공부화에서는 세계에서 제일 먼저 성공했다.

1960년대부터, 가을에 강을 내려가는 어미뱀장어를 이용하
여 인공부화의 연구를 실시하게 되었다. 1962년에 일본의 시
즈오카현(静岡縣) 수산시험장 하마나코(濱名湖)분소의 오가미
(大上皓久), 이이즈카(飯塚三哉)가 호르몬제를 사용하여 성숙
시켜서 처음으로 정자를 얻는데 성공했고, 또 1965년에는 지
름 0.8~1.2mm의 성숙란에 가까운 알을 얻게 되었다.

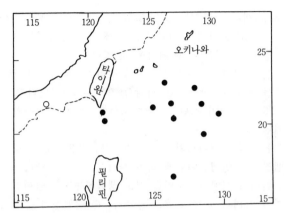

그림2 일본산 뱀장어 유생의 채집장소(검은 점은 엽형유생, 흰 점은 뱀장어유생)

그 후 도쿄대학, 지바현(千葉縣)수산시험장, 고치(高知)대학
등에서도 연구가 행해졌는데, 최초로 정자를 얻고부터 10년
후, 마침내 홋카이도(北海道)대학의 야마모토(山本喜一郎) 등
에 의해서 1973년 12월 21일 이른 아침에 뱀장어의 인공수정
에 성공했다. 알의 지름은 1mm로, 부화에는 38시간이 걸렸
으며 부화한 치어의 몸길이는 2.9mm이며, 5일간의 사육으

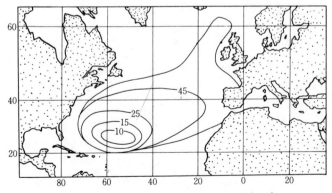

그림3 유럽 뱀장어의 산란장소(숫자는 유생의 체장 : mm)

로 5.8mm까지 자란다는 것을 알았다. 지금까지 17일간의 사육으로 10mm 크기까지 사육하는 데에 성공하고 있으나, 이 기록을 연장시키기는 매우 어려운 것 같다.

기원 전 350년, 그리스의 철학자 아리스토텔레스가 뱀장어의 생태를 몰라서, 뱀장어는 지각(地殼)에서 태어난다고 말한 이래, 2000여 년이 지난 오늘에 와서야 겨우 한꺼풀의 베일이 벗겨진 셈이다.

그러나 아직도 산란장의 수심이라든가, 가을철에 강을 내려가는 뱀장어가 언제, 어떻게 하여 산란장으로 가는지, 부화한 치어는 어디서 어떻게, 무엇을 먹고 생활하는지, 얼마만큼 많은 어미가 얼마나 되는 새끼를 낳는지, 또 숫뱀장어는 왜 강의 상류까지 올라가지 않는지, 일본의 오이천(大井川)의 하구 부근에서 잡히는 유럽뱀장어의 유생은 연못에서 도망쳐 온 것인지, 아니면 이민 2세가 생긴 것인지. 0.15g의 뱀장어 유생이 어찌하여 6개월이나 먹이를 먹지 않고서도 살 수 있는지 등등, 아직도 뱀장어에 관해서는 벗겨져야 할 신비의 베일이 겹겹이 덮여 있다.

31. 물고기의 5감

동물의 감각은 수용기(受容器)의 종별에 따라서 시각, 청각, 후각, 미각, 촉각의 5감(五感)으로 나눌 수가 있다. 우리 생활은 이들 감각에 지탱되고, 또 물들여져 있다고 할 것이다. 그런데 물 속이라고 하는 전혀 다른 서식환경에 사는 물고기도 이들 감각을 지니고 있는 것일까? 그들도 먹이의 형태와 색깔을 맛보고, 냄새나 맛 또는 씹혀지는 느낌을 확인하면서 먹고 있는 것일까? 여기서는 이들 감각에 대해서 설명하겠다(시각에 대해서는 제Ⅳ권-13.「물고기의 눈」에서 언급하기에 생략한다).

❖ 인간 이상으로 예민한 뱀장어의 후각

물 속에서 생활하는 물고기에는 냄새도 맛도 물에 녹여진 물질로서, 한쪽은 코를, 다른 쪽은 미뢰(味蕾)를 자극한다는 차이밖에 없다. 물론 후각중추는 단뇌(端腦)에, 미각중추는 연수(延髓)에 있고, 물고기는 각각 다른 감각으로서 받아들이고 있는 것이 확실하다.

물고기의 코는 보통 입 위쪽, 눈 앞에 있으며 좌우 두 개씩의 코구멍이 앞뒤로 벌어진다. 앞뒤의 코구멍은 내부에서 연락되어 있고, 앞쪽 코구멍에서 들어간 물은 뒤쪽 코구멍에서 흘러나간다. 이 때에 물 속의 냄새분자가 코구멍 안의 후각세포(嗅覺細胞)를 자극하는 것이다.

물고기는 어떤 물질을 얼마만큼이나 민감하게 냄새로 감지할 수 있을까? 지금까지 조사된 예로는 버들개가 포도당, 초산, 키니네를 식별하고, β-페닐에틸알콜을 4.3×10^{-10} g/cm^3, 유게놀을 6.0×10^{-10} g/cm^{3}의 농도로 감지하며, 옥새송어는 β-

페닐에틸알콜을 1×10^{-10} g/cm³으로 감지한다고 한다. 또 뱀장어는 β-페닐에틸알콜을 3.5×10^{-19} g/cm³이라는 농도에서도 감지한다. 사람은 가장 감수성이 높은 메르캅탄에서도 4.4×10^{-14} g/cm³이므로 뱀장어는 인간 이상으로 개와 맞먹는 후각을 가졌다고 할 수 있다.

또 메기는 글리신, L-메티오닌, L-알라닌 등의 아미노산을 $10^{-7} \sim 10^{-8}$ 몰(mol)의 낮은 농도로서도 감지할 수 있다.

❖ 물고기가 좋아하는 냄새, 싫어하는 냄새

물고기는 냄새에 이끌리어 먹이에 다가오는 일이 많은 것 같다. 그렇다면 어떤 물질이 먹이의 냄새로서 물고기를 잘 유인하는 것일까?

메기로 조사한 바로는 지렁이와 소의 간장이 가장 유인력이 높다는 것을 알았다. 또 지렁이의 점액에 함유되는 유인물질은 에테르나 클로로포름에 녹지 않으며 70 ℃에서 효력이 없어지는 사실로부터 일종의 단백질일 것이라고 생각되고 있다.

색줄멸은 날개돌조개의 근육성분에 잘 유인된다. 이 유인물질은 끓이는 것으로는 효력을 상실하지 않으며, 투석(透析)으로도 분리되지 않고, 아세톤 등으로 추출할 수 없는데서 단백질이나 지방질이 아닌 분자량이 5,000 이하의 물질일 것이라고 생각되고 있다.

그런데 강을 거슬러 올라오는 송어는 상류에서 사람이 손을 씻거나, 해표(바다표범)나 곰 등의 모피를 물에 담가두면 예민하게 알아채고 기피행동을 취한다. 이 송어에게 기피행동을 일으키게 하는 물질은 L-세린이라는 것이 확인되었다. 이와 같이 물고기에 따라서는 극도로 싫어하는 물질이 있다. 이 좋은 예가 잇어나 메기류의 피부에 함유되어 있는 공포물질(恐怖物質)이다(제Ⅱ권 - 21.「쏠종개뭉치」참조). 피라미로 조사한 바로는 이것의 유효성분은 색깔이 없고 물에 잘 녹는 푸린이거나 프테린계의 화합물이라고 한다.

❖ 맛에 민감한 물고기

물고기의 미뢰(味蕾)는 입 속뿐만 아니라 입 주위나 수염에도 분포해 있다. 또 칠성장어 등의 원구류(円口類)는 머리부분, 새공(鰓腔, 아가미구멍), 인두(咽頭)에, 메기에서는 체표면 전체에 분포해 있다.

미뢰는 미각 수용세포(味覺受容細胞)와 지지세포로서 구성된다. 미각 수용세포는 다른 감각 수용세포와는 달리 피부의 세포로부터 분화한 것으로서, 이 세포에 안면신경, 설인(舌咽)신경, 미주(迷走)신경, 척수신경 등이 연결되어 있다.

그렇다면 물고기는 실제로 어떤 맛을 식별할 수 있을까?

잉어로 조사한 결과로는 자당(蔗糖, 단맛), 소금(짠맛), 키니네(쓴맛), 초산(신맛)에 잘 반응하고 우리와 같은 미각을 갖추고 있다는 것을 알았다. 또 버들개는 1/5000몰, 가장 예민한 것에서는 1/40,000몰이라는 매우 낮은 농도의 자당용액에도 반응하며, 사람의 500배나 더 예민하다는 것이 나타났다. 또 염류에 대해서도 1/20,000몰의 농도에서 반응하는데 이것은 사람의 184배에 해당한다.

바다에 사는 물고기의 미각은 이들 담수어의 미각에 비해서 약간 떨어지는 듯하다. 예컨대 졸복은 짠맛, 쓴맛, 단맛에는 거의 반응하지 않는다. 그러나 그들은 L-프롤린, L-알라닌, 글리신 등의 아미노산이나 핵산 관련물질, 바지락의 추출액에는 잘 반응한다는 것이 확인되어 있다.

물고기도 맛에 기호가 있을까?

미뢰를 자극하여 물고기를 잘 유인하는 물질을 조사해 보면, 황다랭이는 참다랭이를 눌러 짠 즙에 이상하게도 강하게 유인되면서, 뜻밖에도 평소에 먹이로 삼고 있는 오징어나 색줄면을 짜낸 즙에는 관심조차 보이지 않았다. 이 참다랭이를 짠 즙 속의 유인물질은 일종의 단백질이라는 것이 조사되어 있다.

또 돔은 까나리기름 또는 까나리기름 한 되에 미림(味醂) 세홉의 비율로 혼합한 것을 즐기며, 실제로 이 액을 침투시킨 털

실을 거짓미끼로 사용하여 낚으면 재미나게 잘 낚여진다고 한
다. 물고기는 일반적으로 어유(魚油)가 변질하거나 썩은 것을
좋아한다고 하는데 이 유효성분은 일종의 알데히드일 것이라고
한다.

❖ 지느러미나 수염으로 먹이를 찾는 성대와 노랑촉수

성대의 가슴지느러미의 유리된 세 개의 연조(軟條)에는 혹 모
양의 미각기(味覺器)가 있다. 이 미각기는 미뢰와는 달리 척수
신경의 말단이 집합한 것인데 화학물질을 예민하게 감지한다.
특히 부패한 조개의 추출액, 인돌, 페닐알라닌, 아스파라긴산
등의 아미노산의 묽은 용액에 잘 반응한다.

또 노랑촉수의 아래턱에서 뻗은 한 쌍의 긴 수염도 성대와
마찬가지로 미각기를 갖추고 있다. 이 물고기는 늘 해저의 먹
이에 먼저 수염을 대어 본 뒤에 먹는다. 그래서 갯지렁이를 싼
주머니와 돌맹이를 싼 주머니를 준비하여 모래진흙 속에 두어
두면 노랑촉수는 전자에 수염으로 접촉해 본 뒤, 몇 번이고 물
어뜯지만 후자에게는 전혀 관심도 보이지 않는다. 이 행동은
두 눈을 가리고 후각신경을 절단해도 변함이 없는데, 수염을
자르면 양자를 구별하지 못하게 된다.

성대의 지느러미나 노랑촉수의 수염에는 미각기와 함께 촉

사진1 성대 무리의 하나

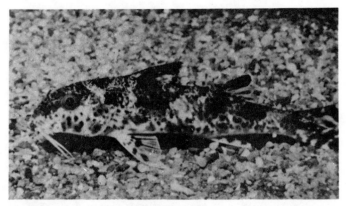

사진2 호랑노랑촉수

각기(觸覺器)도 분포되어 있어서, 그들은 지느러미나 수염으로 맛과 촉감을 확인해 가면서 먹이를 찾고 있는 것이다. 무척이나 편리한 지느러미 또는 수염이라 하겠다.

❖ 물고기의 청각

연못가에서 손뼉을 치면 다가오는 잉어 물고기에도 외계의 소리가 들리는 것일까?

물고기에는 외관상으로 보이는 귀는 없지만, 두개골 속에 좌우 한 쌍의 안귀(內耳)를 가졌다. 또 원구류(円口類)나 상어·가오리류를 제외한 대부분의 물고기는 부레를 가졌는데, 이 부레가 실은 물고기의 청각에 있어 큰 공헌을 하고 있다. 체표(體表)로 전해진 소리의 진동은 부레로 전달되어, 여기가 제2의 음원(音源)이 되어서 안귀를 자극하는 것이다. 잉어나 메기 등의 골표류(骨鰾類)의 무리는 부레와 안귀가 베버기관(Weberian apparatus)이라고 불리는 네 개의 작은 뼈조각으로 연결되어 있다. 또 청어과의 물고기는 한 쌍의 가느다란 대롱(管)이 부레와 안귀를 연결하고 있어서 매우 효율적으로 소리가 안귀로 전해진다. 따라서 이들 물고기의 청각은 아주 뛰어나서 40~7,000

Hz 의 소리를 가려 들을 수가 있다. 그 중에서도 메기는 13,000 Hz 의 소리도 들을 수 있어 사람과 맞먹는 청각의 소유자이다.

골표류나 청어과 이외 물고기의 청각은 이보다 떨어지며 열대 송사리(guppy) 등은 1,200Hz 이상의 주파수인 소리는 듣지 못한다. 대개는 1,000Hz 이하의 저주파음을 듣고 있는 것 같다. 또 상어 등 부레가 없는 물고기는 부레 대신에 두개골이나 척추뼈 등을 제2의 음원으로 하고 있는데 그것이 들을 수 있는 음역(音域) 등 자세한 것은 아직 모르고 있다.

❖ 측선기관

그런데 물고기는 측선기관(側線器官)으로도 소리를 듣고 있

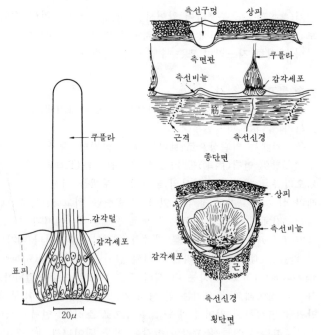

그림1 측선기관 (유리 감구)의 구조   **그림2** 은뱀장어의 측선기관

다. 측선기관은 유모(有毛) 감각세포와 지지세포로서 구성되는 감구(感丘)와, 감각모(感覺毛)를 감싸는 큐폴(cupule)이라고 불리는 한천모양의 돌기로서 구성한다. 이 측선기관이 피부밑을 세로로 달려가는 관구조(管構造), 이른바 측선 안에 배열되는 경우를 관기(管器), 체표면에 점모양으로 늘어서는 경우를 유리감구(遊離感丘)라고 부른다. 관기는 측선공이라고 불리는 작은 구멍으로 외계와 연락하여 물의 움직임을 전달한다.

어느 측선기관이건 물의 진동으로 큐폴이 휘어지고, 동시에 일어나는 감각모의 변형으로 감각세포의 흥분이 일어나는 것이다. 측선기관은 특히 물입자의 미묘한 움직임을 감지하며 10～100 Hz의 저주파음을 주로 감수(感受)하고 있다. 또 측선기관에는 음원의 방향을 판별하는 능력도 있다는 것이 알려져 있다.

❖ 물고기의 촉각

물고기에는 우리와 같이 피부에 있는 마이스너소체(Meissner 小體) 등의 촉각을 관장하는 수용기가 없다. 주로 피부에 분포되는 뇌신경이나 척수신경의 신경말단이 직접 감수한다. 메기나 쏠종개의 수염, 성대의 가슴지느러미의 유리연조(遊離軟條), 노랑촉수의 수염 등에도 많은 신경말단이 집합하여 촉각기관(觸覺器官)으로서의 기능을 지니고 있다.

지금까지 물고기의 여러 가지 감각에 대해서 설명했다. 얼핏보기에는 고급 감각 등이 없는 것 같은 물고기가 사실은 훌륭한 감각을 지닌 생물임을 알았을 것이라고 생각된다. 물고기에 대해서 조금은 더 친숙감이 생겼을 것이라고 생각한다.

「바다의 이야기」편집그룹 일람

〔編集委員〕

沖山　宗雄　도쿄(東京)大學 海洋硏究所 助敎授

小林　和男　東京大學 海洋硏究所 敎授

淸水　　潮　東京大學 海洋硏究所 助敎授

寺本　俊彦　東京大學 海洋硏究所 敎授

根本　敬久　東京大學 海洋硏究所 敎授

和田英太郎　미쓰비시화성(三菱化成)生命科學硏究所
　　　　　　生物地球化學・社會地球化學 硏究室長

〔執筆者〕

太田　　秀　東京大學 海洋硏究所

大竹　二雄　　上　　同

沖山　宗雄　　上　　同

加藤　史彦　水產廳 日本海區 水產硏究所

川幡　穗高　工業技術院 地質調査所

小林　和男　　上　　同

淸水　　潮　　上　　同

關　　邦博　海洋科學技術센터

平　　啓介　東京大學 海洋硏究所

田中　武男　海洋科學技術센터

辻　　堯　三菱化成 生命科學硏究所

寺崎　　誠　東京大學 海洋硏究所

寺本　俊彦　　上　　同

中井　俊介　　上　　同

西田　周平　　上　　同

根本　敬久　　上　　同

藤岡換太郎　　上　　同

古谷　　研　　上　　同

風呂田利夫　도호(東邦)大學 理學部

松生　　洽　東京水產大學 水產學部

松岡　玳良　日本栽培漁業協會

松本　英二　工業技術院 地質調査所

宮田　元靖　東京大學 理學部

和田英太郎　　上　　同

【옮긴이 소개】

이광우
서울대학교 농과대학 B. S.
미국 Minnesota대학교 Ph.D.
미국 Purdue대학교 박사후 과정
미국 Wisconsin대학교 연구원
미국 Cranbrook과학연구소
수질과학자
KAIST해양연구소
해양화학 연구실장
현재 : 한양대학교 이과대학
지구해양과학과 교수

손영수
한국과학사학회, 한국과학저술인협회,
한국과학교육협회 회원
역서 : 『과학의 기원』, 『원자핵의 세계』등
다수

바다의 세계 ③

1988년 6월 10일 초판
1993년 10월 30일 2쇄

역 자/이광우·손영수
발행인/손영일
발행처/전파과학사
등록일자/1956. 7. 23 등록번호/제 10 - 89 호
서울 서대문구 연희 2동 92 - 18
전화 333 - 8877 · 8855 팩시밀리 334 - 8092

공급처/한국출판협동조합
서울 마포구 신수동 448 - 6
전화 716 - 5616~9 팩시밀리 716 - 2995

＊ 파본은 구입처에서 교환해 드립니다.

ISBN 89 - 7044 - 508 - 0 03470